수학은 열세살이다.

13살 부모를 위한 중학수학 매뉴얼

수학은 열세 살이다.

2011년 2월 10일 제1판 제1쇄 인쇄
2011년 2월 14일 제1판 제1쇄 발행

지은이   김준호, 남호영, 박순삼, 서양원, 이만호, 이종석, 정갑수, 정혜원
펴낸이   김영미

기획   G1230수학연구소, 작은숲
사진   배춘희
편집주간   강봉구
책임편집   홍연숙
디자인   page9
출력   한컴
인쇄제본   (주)아이엠피

펴낸곳   작은숲출판사
등록번호   제313-2010-244호(2010년 8월 5일)
주소   121-894 서울시 마포구 서교동 377-27
전화   070-4067-8560 팩스 0505-499-8560
홈페이지   http://cafe.naver.com/littleforest
이메일   littleforest@naver.com

© 김준호, 남호영, 박순삼, 서양원, 이만호, 이종석, 정갑수, 정혜원

ISBN 978-89-965430-1-5   23590
값 13,000원

수학
은
열세 살
이다.

초등학교 때 수학을 잘하던 아이가 중학교에 가서 수학을 어려워
하고 심지어는 포기하는 이유가 뭘까? 많은 학부모들이 유치원 시
절부터 아이의 수학 공부에 매달리는 이유는 뭘까? 수학을 잘하면
행복해질 수 있을까? 지금 열세 살 내 아이는 수학이 재미있을까?

　1. 대한민국 학부모라면 한두 번쯤은 스스로에게 던져 보았을
질문입니다. 삼십 년 전에 우리 부모들이 했을 질문을 지금 부모가
된 내가 똑같이 던지고 있습니다. 세상은 좋아졌다지만 지금 내 아
이를 비롯한 대부분의 아이들은 시험을 잘 보기 위해, 좋은 고등학
교나 대학에 가기 위해, 엄마가 하라니까 수학을 공부합니다. 이런
수학이 재미있을 리 없고, 그로 인해 행복할 리가 없습니다.
　학부모라면 누구나 한 번쯤은 수학에 가위눌려 본 경험이 있을
것입니다. 이유도 모른채 외워야 했던 공식들, 문제를 조금만 비틀
어 놓아도 손을 놓을 수밖에 없었던 기억…… 수학에 대한 기억이
유쾌한 부모가 얼마나 될까요? 수학 때문에 힘들어하는 것은 부모

나 아이나 마찬가지입니다. 재미없고 어려운 과목으로 아이들은 여전히 수학을 손꼽고 있고, 여전히 외우고 풀고 외우고 풀고를 반복하고 있습니다. 물론 반복 과정에서 수학의 개념이 생기기 때문에 이것 또한 중요합니다. 그러나 아이들이 수학 때문에 행복하지는 않다는 게 문제입니다.

2. 머리속으로 예상하던 것을 직접 눈으로 확인했을 때의 느낌은 예상할 때와는 사뭇 다릅니다. 수학에 대한 아이들의 생각이 그랬습니다. G1230수학연구소는 지난 해 8월 작은 설문조사를 했다. 다름 아닌 '수학은 ⬚ 이다.'에 네모를 채우는 설문이었습니다. 결과는 충격적이었습니다. 수학을 재미있어 하고, 공부하는 의미를 알고 자기주도적으로 열심히 하는 아이들도 있었지만 대부분의 아이들은 수학 때문에 힘들어했습니다. 어느 정도 예상된 결과였지만, 그 앞에서 다시 막막해졌습니다.

공부가 다 힘들지만, 특히 수학은 '어느 시기'에 기초를 잡아주지 않으면 다시 회복하기 힘든 과목입니다. 한 번 시기를 놓치고 나면 '수포클럽'이 기다리고 있습니다. 특히 중학생 때 수포클럽에 가입하는 학생이 급격히 늘어난다고 합니다. 그래서 열세 살, 그때가 바로 수학과 인생의 터닝 포인트라고도 할 수 있습니다.

3. 그러나 수학을 포기하는 것은 아이들의 책임만은 아닙니다. 부모의 자녀에 대한 욕심과 무지가 수포자를 양산시키는 원인 중 하나라는 지적이 많습니다. 그래서 이 책은 열세 살 자녀를 둔 부모를 향하고 있습니다. 이 책이 수학적 개념을 가르치고 있지는 않지만 자녀의 공부, 특히 수학 교육에 대해 고민하고 있는 부모에게 던지는 메시지가 담겨 있습니다.

이 책은 '수학은 과연 무엇인가?'에 대한 수학 전문가들의 깊이 있고 재미있는 이야기를 다룬 1부와 즐겁고 행복한 수학의 길로 이끌어 줄 수학 멘토 이야기를 담은 2부, 그리고 열세 살 자녀를 둔 부모가 알아야 할 부모 매뉴얼과 학부모들이 가장 궁금해 하는 질문에 대한 답변을 담은 3부로 구성하였습니다. 아무쪼록 이 책이 자녀 교육이나 수학 교육에 대해 고민하는 부모들의 눈을 맑게 하여 결국 아이들이 수학으로 행복해지는, 그린 세상을 만드는 데 작은 보탬이 되길 바랍니다. 끝으로 작고 보잘 것 없는 이야기를 책으로 기획하고 엮어 준 작은숲출판사에 감사의 말씀을 전합니다.

G1230 수학연구소 · 필자 일동

열세 살은 학습의 과도기라 할 만큼 중요한 시기입니다. 때문에 그 시기에 가장 중요한 것이 바로 수학입니다. 열세 살의 수학은 수학의 기본기를 만드는 첫 걸음이자, 계산력 위주에서 논리력을 키우는 수학으로 변화가 시작되는 단계입니다.

그래서인지 대부분의 아이들에게 수학은 고통지수가 큰 과목입니다. 엄마의 배려와 지도로 좋은 성적을 낼 수 있는 초등학교 때와는 달리 중학교에 올라가면 수학을 포기하는 학생들이 생겨납니다. 그래서 이 시기를 인생의 전환기라고도 합니다. 따라서 '수학은 열세 살이다.'라는 말은 '수학은 열세 살부터'라는 의미도 담겨 있습니다.

더 큰 세상으로 나갈 준비를 하는 열세 살 아이들이 수학과 가깝게 느낄 수 있었으면 합니다. 아니, 열세 살 학생들에게 즐거운 수학의 봄바람이 불었으면 합니다. 그러면 이 세상을 바라보는 눈이, 매일 접하는 삶의 작은 부분들까지도 다르게 보일 것입니다. 수학도 공부도 즐거워질 것입니다.

이 책을 접한 학부모님과 학생들이 수학에 대한 편견을 깨고 수학과 함께 즐겁게 웃게 되길 기원해 봅니다.

G1230 대표 김철호

차례

II 열세 살 우리들의 수학 멘토

III 열세 살 수학을 위한 부모 매뉴얼

열세 살에 만나는 수학

우리는 어릴 때부터 수를 배
운다. 말을 배우기 시작한 어느 날 엄마는 아기에게 하나 둘
셋 넷…… 수 세기를 가르친다. 그러면 아기는 엄마를 따라
앙증맞은 손가락을 힘겹게 꼽아 가며 무슨 의미인지도 모르
는 채 하나 둘 따라 센다. 그렇게 아기는 수학의 세계에 자연
스럽게 발을 들인다.

조금 크면, 설날에 받은 세뱃돈이 모두 얼마인지 알기 위
해 더하기를 하고, 가게에서 과자를 사고 거스름돈이 얼마인
지 알기 위해 빼기를 하고, 친구 셋이 오뎅 세 개씩을 먹으면
전부 몇 개인지 알기 위해 곱하기를 하고, 한 접시에 열다섯
개 들어 있는 떡볶이를 셋이 똑같이 나눠 먹으려면 몇 개씩
먹어야 하는지 알기 위해 나누기를 한다. 수학은 이미 우리
의 생활 속에 자연스럽게 녹아 있다.

하지만 그 정도라면 무슨 걱정을 한담?

초등학생 때 우리는 대개 우리의 희망과는 별도로 엄마 아빠, 선생님의 희망에 따라 매일 수학을 먹고 살게 된다. 아차, 수학은 밥이 아니지. 하지만 매일같이 수학을 마주하게 되면 수학이 밥처럼 느껴지는 것도 무리는 아니다. 학교에서 푸는 기본 문제, 연습 문제, 집에 가서 풀어 봐야 하는 숙제, 그뿐인가, 엄마가 풀라고 사주신 문제집, 학습지, 거기에 학원이나 과외에서 풀어야 하는 문제들……. 사방이 온통 수학 문제로 가득 찬 것 같은 생각이 들 때도 있다. 어쩌다 듣는 개구리 소리도 이렇게 들린다. 수학, 수학…….

하지만 그래도 초등학교 때는 수학이 우리를 짓누르거나 하지는 않는다. 문제는 초등학교를 졸업하고 나서부터다. 졸업을 한다는 것은 단순히 한 단계를 끝내는 것이 아니다. 다음 단계로 뛰어 오르기 위한 몸 풀기와도 같다.

헛 둘, 헛 둘, 자, 도약을 위하여……!

졸업을 하고 가장 긴 겨울방학을 지내며 우리는 열세 살이 된다. 열세 살은 싱그런 나이이다. 나무로 치면 연초록 잎이 난 묘목. 세상을 향해 고개를 삐죽이 빼들고 기웃거리지만, 아직은 부모 품을 떠나기 두려운 나이.

그런데 세상은 우리를 향해 '이제부터 너희는 어린이가 아니야!'라고 윽박지른다. 어린이라는 특혜의 왕국으로부터 추방되는 것이다. 당장 어린이날만 해도 그렇다. 우리는 이제 더 이상 선물 공세를 받지 못한다. 잘못을 저질러도 초딩 때처럼 쉽게 용서받지 못한다. 대신 의무와 책임은 늘어난다.

열세 살에 우리는 어렴풋이 그런 변화를 느끼며, 어느 순간 이제 더 이상 아이가 아님을, 어른이 되는 길의 초입에 들어서 버렸음을 와락 실감한다. 그리고 고독한 고뇌의 세계로 들어선다. 풋! 이건 좀 심했나? 너무 폼을 잡은 것 같기는 하다. 하지만 이제 우리는 꼬맹이가 아니다. 우리 자신의 인생과 미래에 대해 진지하게 생각하기 시작한다.

그러다 보니 부모님이나 선생님의 말씀이 마음에 안 들 때가 종종 생긴다. 조금 놀고 나서 공부하겠다는데 어른들은 공부하고 나서 놀라 그런다. 공부하다 보면 시간이 다 가서 놀지도 못 하는데, 그건 놀지 말고 공부만 하란 소리 아닌가! 때를 놓치면 공부를 못 한다지만, 그럼 우리의 인생은 공부가 다인가? 어른들의 논리가 영 마음에 안 든다. 그래서 말을 안 들으면 어른들은 우리더러 반항한다고 그런다. 우리는 아직도 모르는 게 너무 많다. 하지만 열세 살의 우리는 스스로 생각하고 판단하고 선택하고 싶다!

이렇게 뇌와 감정이 복잡하고 예민해지는 나이에 우린 중학생이 되고, 그 와중에 공부까지 복잡하고 어려워진다. 그

중의 압권은 단연 수학! 이라고 말하고 싶지만, 안 그런 사람
도 물론 있으므로 단언하지는 않겠다. 수학을 잘하는 애들은
안 그렇겠지만, 이때부터 수학은 보이지 않게 우리를 짓누르
기 시작한다.

질풍노도의 시기

　　　　　　　　　　게다가 이때 즈음 우리 몸에
서는 변화가 생기기 시작하고, 그와 함께 남몰래 이성에 대
한 그리움과 사랑이 모락모락 피어오른다. 그러면 우리는 때
로 알 수 없는 슬픔에 젖기도 하고, 전혀 혼자가 아닌데도 이
세상에 오로지 혼자인 것 같은 착각에 빠지기도 하고, 그러
다가도 친구들과 어울려 그다지 우습지도 않은 일에 책상을
두드리며 웃기도 하고, 모르는 사람이 지나가다 좀 삐딱한
시선으로 쳐다봤다고 화가 나서 길길이 뛰기도 한다. 질풍노
도, 감정과 생각이 달음질치는 바람과 성난 파도처럼 휘몰아
치기 때문이다.
　당연히 공부 집중도가 떨어지고, 에너지는 분산 소모된다.
남학생들은 미모가 좀 되는 여자 선생님이 지나가기만 해도
심장이 자동 드럼이 되고, 여학생들은 젊은 남자 선생님을

쳐다보느라 수업 내용이 머리에 잘 들어오지 않기도 한다. 남자와 여자 아이들은 서로 관심이 있으면서 없는 척 내숭을 떨고, 누가 누구를 좋아한다는 소문이 공공연히 나돌고, 그 소문을 부풀리고 퍼 나르느라 머리와 입이 분주히 움직인다. 그러다 보니 공부 머리에 연결된 전선엔 전력이 부족해 공부만 할라치면 하품이 먼저 나온다. 아~함.

　그뿐인가? 문명이 발달하면서 우리 주위에는 매우 강력한 흡입력을 가진 것들이 많이 생겨났다. 우리의 관심과 시간을 진공 청소기마냥 쫙쫙 빨아들이는 것들 말이다. 게임기, 컴퓨터, 핸드폰, TV, 애니, 만화, 인기 동영상, 연예인, 패션, 음악…… 열세 살이 되면 이런 것들에 대한 정보도 빨라지게 된다. 친구 사이의 우정이 좀 더 끈끈해지고 중요해지기 때문이다. 친구들이 알면 나도 알아야 하고, 친구들이 하면 나도 해야 한다. 그러지 않으면 우리 나이에 형성해야 할 인간 관계에 문제가 생긴다. 찌질이나 찐따가 되기 십상이라는 말이다. 물론 어른들은 어이없는 깜찍한 핑계라고 말할 것이다. 솔직히 그런 면도 없지 않아 있다. 하지만 게임이나 핸드폰, 아이돌이나 패션에 대한 수다 같은 건 얼마나 재미있는지, 그만두기가 너무 어렵고, 시간 가는 줄 모르고 자꾸자꾸

하고 싶어진다. 사실 그런 것들은 어른들이 만든 것이 아닌가? 공부라도 좀 할라치면 그런 것들이 천하의 악당, 물리쳐야 할 강력한 적으로 변신한다. 마치 로미오와 줄리엣 같다. 사랑하지만 사랑해선 안 될 사이.

그러면서 부모님과는 원수지간이 된다. "그만 좀 하라니까!", "조금만 더 하고!" 이렇게 밀고 당기기를 하다 보면, 이즈음 부모님의 입에서 잘 나오는 소리가 있다. "이건 자식이 아니라 웬수야, 웬수!"

하지만 이해할 수 없기는 우리들도 마찬가지다. 예전 같지 않게 엄마가 왜 이렇게 히스테릭해지는지, 아빠는 별일도 아닌 걸 가지고 엄마 편을 들면서 왜 화를 내고 채근을 하는지, 나이를 한 살 더 먹었는데도 간섭은 왜 더 심해지는지 알 수가 없다. 초등학교 때는 별로 신경도 안 쓰시더니 중학교에 들어가기 무섭게 부쩍 성적에 관심을 가지시고, 벌써부터 대학 입시를 고민하시는 걸 보면, 이 때쯤이면 부모님들이 집단 근심 증후군에라도 걸린 것 같다.

그럼에도 불구하고!!! 생물학적 · 물리적 환경이 이렇게 열악함에도 초등학교 때에 이어 변함없이 탑(Top)을 유지하는 희귀종들이 있다. 기본적으로 영양가 있는 착한(?) 두뇌를 받은 데다 어렸을 때부터 규칙적인 공부 습관이 들어 있는 아이들, 한번 잘 한다고 인정을 받으면 그 달콤한 칭찬의 꼭대기에서 떨어지기 싫어 남이 볼 때 안 볼 때 가리지 않고 죽어라 공부하는 아이들. 그런 아이들은 재수 없지만, 부모님들에겐 자랑이고 선생님에겐 기특한 녀석들이다.

수학 과목만 보자면, 수학적 직관력이 있어서 선생님이 가르쳐 준 방식이 아니어도 자신만의 풀이 방식을 생각해 내는 독창파 아이들. 그런 아이들은 심지어 수학을 재미있어 하고, 스트레스 쌓일 때 수학 문제를 푸는 기행(奇行)을 행하기도 한다. 보통 아이들은 도무지 이해하기 힘든 인종인데, 이런 인종의 부모님들은 애가 공부 안 해서 걱정이라는 친구들의 말을 이해할 수 없다는 눈초리로 쳐다보다 왕따를 당하기도 한다. 그러나 앞서 밝혔듯이 다행히도 이런 아이들은 매우 드물다.

그런가 하면 반대로 수학과는 아예 담을 쌓고 지내는 아이들도 있다. 수학 나라의 이방인, 수학 포기자. 무한대의 낙천성으로 수학 성적에 대해서 거의 무신경의 경지에 도달한 아이들. 이런 아이들에게 수학 시간은 공상과 잡담의 시간이요, 시험 시간은 자신의 찍기 능력을 시험하는 시간이다. 하지만 다행히도 이런 아이들도 드물다.

대부분의 우리는 그 중간, 걱정 안 해도 되는 탑 그룹과 걱정을 버린 수학 포기자 그룹 사이에 아주 넓게 분포하고 있는 아이들이다. 그 중의 누군가는 고른 성적을 유지하고, 누군가는 오르락 내리락 널뛰기 성적을 보이지만, 대개는 어떤 이유에서든 수학 공부를 해야 한다고 생각하며, 좋아서든 억지로든, 규칙적으로든 어쩌다든 수학 공부를 하고 있다.

그런 우리들이 공통적으로 품고 있는 희망이라면 공부를 좀 덜 하고도 성적이 올랐으면 좋겠다는 것이랄까? 좀 염치없긴 하지만, 그러면, 아, 얼마나 좋을까, 공부를 안 하고도 성적이 저절로 쑥쑥 오른다면! 남는 시간에 하고 싶은 것 실컷 하고, 실컷 놀고, 잠도 실컷 잘 텐데……. 하지만 슬프게도 그럴 수 없는 게 인생이라는 걸 우리도 조금씩 알기 시작하는 나이 열세 살……. 그래서 우리도 골치 아프다.

만약 수학이 없어진다면?

만약 수학이란 게 없다면 어떨까? 생활 속에서 쓰는 계산 정도만 있고 수학이란 학문 자체가 없어진다면? 우선 수학 시간과 수학 시험, 그리고 수학 선생님이 없어지겠지? 수학책과 참고서, 그 지긋지긋한 문제집도 없어질 거고. 수학 학원도, 수학 학습지도 없어질 것이다. 대학 갈 때 시험 볼 과목 하나가 쏙 빠져, 썩은 이 빼낸 듯 시원할 거고. 여기까지만 생각하면 아주 유쾌한데…….

그런데 어떤 수학자가 이렇게 말하더군.

"고층 빌딩에서 갑자기 쇠(철)가 싹 사라져 버리는 상황을 상상해 봐. 수학이 사라진다면 그것처럼, 우리가 살고 있는 세상은 여기저기서 균열이 일어나며 조금씩 붕괴하여 어느 순간 폭삭 주저앉아 버리고 말 거야. 우선 건물을 하나 짓는 데도 수학이 기초가 되지 않으면 설계도, 자재 계산도, 필요한 인력 계산도, 비용이나 날짜 계산도 못 해서 제대로 건물을 지을 수가 없어. 그뿐인가? 우리가 쓰고 있는 각종 기구나 기계들도 모두 수학을 기초로 한 설계에 의해 만들어지는 거고, 자동차나 배, 비행기, 로켓 따위도 수학 없이는 만들 엄두도 못 낼 것이고, 관공서나 은행 등 각종 금융회사들에서도 복잡한 계산을 하지 못해 업무가 엉망이 될 것이고, 외국과의 무역도 물물교환 수준으로 떨어질 것이고, 가깝게는 우리가 거의 매일 쓰는 컴퓨터와 핸드폰, 게임기 같은 것들도 이 세상에서 사라져 버릴 거야. 이외에도 수많은 곳에서 아주 옛날부터 수학이 이용되어 어디에서 어떻게 쓰이고 있는지 일일이 다 댈 수조차 없을 정도야. 그러니까 수학은 다른 학문들과 함께 우리의 문명을 떠받치고 있는 든든한 버팀목이라고 할 수 있는 거지. 수학이 없어지는 건 상상도 하지 않는 게 좋을 거야."

이러니 현대 사회에서 장차 쓸 만한 어른이 되어 살아가려면 수학의 기본기를 익혀 놓아야 한다는 거다. 게다가 수학을 배우는 것은 단지 그런 용도만이 아니라 우리의 사고력을 훈련시킨다나? 말하자면 엄벙덤벙 틀리게 생각해서 일을 그르치지 않고, 차근차근 논리적으로 생각해서 일을 잘 풀어 나갈 수 있는 좋은 머리로 만들어 주기 위해서라나?

그런 얘기를 들으면 수학을 잘해야 될 것만 같다. 남들 다 똑똑해지는데 나만 바보 될 수는 없잖아? 하지만 잘하고 싶다고 해서 자동으로 잘 된다면 무슨 걱정이겠는가? 잘 안 되는데 잘하고 싶으니, 거기서 고뇌가 싹트는 거다.

그런데 거기에 부모님의 압박과 잔소리가 날아들기 시작하면, 그런 의욕이 쫄쫄 말라 가다가 급기야 사막이 되어 버려서, 심하면 부모님의 의도와는 정반대로 '삐뚤어질 테다' 하고 반항의 길로 들어서는 사태가 벌어지기도 한다. 우리의 뇌와 감정은 그런 상태에 있기 때문이다. 그러니 부모님들은 우리를 잘못 건드리지 않으시는 게 좋다.

뭐, 부모님의 걱정을 이해 못 하는 것은 아니다. 초등학교부터 고등학교까지 수학을 배워 가는 과정이 아주 체계적으로 빈틈없이 짜여 있어서, 어느 한 과정이라도 소홀히 하면 나중에 따라가기가 어렵게 되고, 따라가지 못 하면 흥미를 잃어서 아예 포기하기도 쉬워지니까, 그런 위험천만한 사태를 미리 방지하고 싶어서 우리를 미리 닦달하시는 거라는 거, 사실…… 이해 못 한다. 우린 아직 열세 살이기 때문이다. 다만, 부모님이 우릴 혼내시는 게 단지 괴롭히기 위해서이거나 화가 나서가 아니라, 실은 우리를 위해서라는 걸 가끔 느낄 뿐이다. 아주 가끔.

　그러나 부모님과 선생님의 애정이 있는 한 우리는 아주 엇나가지는 않는다. 그러니 부디 어른들이 우리에게 가하는 것이 압박과 간섭이 아니라, 사랑임을 우리가 알게 해 주시기 바란다. 그러면 잠시 흔들렸다가도 우리는 다시 제 자리로 돌아온다. 우리도 자신의 미래를 걱정할 줄 알기 때문이다.

수학, 어떻게 해야 잘하나?

　　　　　　　그럼 잘 안 되는 수학을 잘하게 되는 방법은 뭘까? 이번엔 수학 귀신을 만나 물어보았다. 학교 다닐 때 수학을 잘 해서 귀신이었을 뿐만 아니라 이제는 아이들을 잘 가르쳐서 수학 귀신인 그분은 이렇게 말씀하셨다.

하나, 기초가 중요하다. 수학은 건축과도 같다. 기초가 단단하게 쌓여 있지 않은 건물은 언젠가 무너지고 말듯이, 기초가 안 되어 있으면 아무리 공부를 해도 따라가기 어렵고 언젠가 좌절하고 만다. 기초가 안 되어 있는 사람은 따로 시간을 내서 기초부터 다시 공부해라.

둘, 개념이 중요하다. 개념을 이해하지 못하고 문제 풀이만 해서는 같은 유형의 문제가 조금만 다르게 나와도 풀지 못한다. 반대로 개념만 제대로 이해하면 심화 문제도 풀 수 있다. 교과서를 우습게 보지 말고 보고 또 보면서 친해져라. 그러면 개념이 천천히 머릿속으로 녹아들 것이다.

셋, 문제 풀기가 중요하다. 수학은 이해했다고 아는 게 아니다. 이해한 개념이 문제로 나왔을 때 풀 수 있어야 진짜 아는 거다. 선생님이 칠판에 적어 가면서 풀어 줄 때는 이해가 팍팍된다. 그런데 내가 혼자서 풀려고 하면 도무지 생각이 안 난다? 그건 아직 아는 게 아니다. 문제를 풀면서 고민을 하고, 그 과정이 여러 번 쌓여서 머릿속에 문제 푸는 지도가 생겨날 때, 그때 진짜 아는 것이다. 그래서 수학은 손으로 하는 공부라는 말도 있는 것이다. 때로는 설명을 들을 때 잘 이해되지 않던 것이 문제를 풀면서 '아, 그게 바로 이거였구나!' 하고 깨달음이 오기도 한다. 그러니 문제를 많이 풀어 봐라.

넷, 오답 체크가 중요하다. 문제를 많이 푸는 게 능사가 아니다. 풀고 나서 내가 무엇을 틀렸는지, 왜 틀렸는지를 알아야 한다. 내가 푼 것과 해설을 비교해 보고, 내가 어느 지점에서 무엇을 실수해서 또는 잘못 생각해서 틀렸는지를 확인하고, 다시 한 번 풀어 보아야 한다. 기왕이면 잘 틀리는 문제를 체크해 두고, 같은 유형의 문제를 여러 번 풀어 보는 것이 좋다. 그래야 다음번에 같은 문제가 나왔을 때 다시 틀리는 우를 범하지 않는다. 실수도 습관이다. 잘못을 바로잡지 않으면 같은 실수를 자꾸 반복하게 된다.

다섯, 인내심이 중요하다. 수학은 다이어트와 같아서 하루 이틀 공부한다고 성적이 오르지 않는다. 적어도 두세 달은 꾸준히 해야 조금 오르는 기미가 보이기 시작하고, 계속 공부해 나가다 보면 어느 순간 자신이 붙고 더 잘하고 싶은 욕심이 생기게 된다. 그 정도 돼야 요요 현상이 오지 않는다. 그러기 위해서는 매일 시간을 정해 놓고 조금씩 꾸준히 공부하는 것이 좋다.

그 외에 문제의 뜻을 잘못 해석해서 틀리는 황당한 경우도 꽤 많으니, 문장 해석 능력을 기르는 것과, 기본적으로 공식을 반드시 외워 두는 것도 중요하다.

그러나 무엇보다 중요한 것은 억지로 하는 것이 아니라 즐겁게 하는 것이다. 억지로 하는 공부는 해도 해도 머리에 잘 들어가지 않지만, 즐겁게 하는 공부는 하는 대로 바로 쏙쏙 들어가기 때문이다. 그리고 하기 싫은 걸 억지로 한다는 건 너무 불행하지 않은가.

그런데 하기 싫은 공부를 어떻게 즐겁게 하냐고? 수학이 싫다는 사람은 대개 수학을 어려워하는 사람들이다. 풀어도 안 풀리고 자꾸 틀리기만 하니 재미도 없고 싫은 것이다. 당연하다. 그런 사람은 대개 기초가 안 되어 있기 마련이다. 그래서 공부를 해도 정확하게 이해가 안 되고 자꾸 틀리는 것이다. 그러니 어떤 방법으로든 기초를 다시 닦고, 문제도 자기 수준에 맞는 쉬운 문제부터 풀어라. 때로는 좋은 스승을 찾는 것도 매우 중요하다. 그리고 수학이 어렵다는 편견을 버리고, 마음에서 두려움을 없애 버리면, 수학도 차츰 만만하고 친해 볼 만한 친구로 다가올 것이다.

또한 공부는 절대 부끄러워해서는 안 된다. 잘 모르겠거든 누구라도 붙잡고 확실하게 알 때까지 꼬치꼬치 캐묻는 거머리 정신이 필요하다. 한 순간의 쪽팔림이 긴 시간 동안의 기

뺌을 보장해 주기 때문이다.

　그렇게 해서 하나하나 알아 가다 보면 문제가 풀릴 때의 상쾌하고도 짜릿한 성취감을 여러분도 느끼게 될 것이다. 그 느낌을 기억하면서 한 발 한 발 도전해 가면 수학이 친한 친구가 되는 것도 멀지 않다. 물론 인내심이 좀 필요하긴 하지만.

　그런 희망을 가지고 시작해 볼 수 있는 나이, 그게 열세 살이다. 기초를 보강하는 것도 그리 어렵지 않고, 친하지 않은 수학과 안면을 트고 친해 보자고 손 내밀 수 있는 나이, 이미 친한 사람은 손 놓지 말고 꾸준히 우정을 지켜 나가야 할 나이, 싫어하며 뒤돌아섰다간 다시 돌이키기 어려운 나이. 그래서 수학은 열세 살이다. 수학은 열세 살에 결정된다.

　희망과 불안이 교차하며 우리를 흔드는 나이 열세 살, 흔들리더라도 반드시 할 건 하면서 흔들리자!

• 정혜원 성균관대학교 국어국문학과를 졸업하고 이십 여 년 이상 출판사 편집자로 일했으며, 최근에는 어린이 동화에 관심을 가지고 글쓰기에 전념하고 있다. 앞으로도 좋은 책을 만들고 어린이 동화를 계속 쓰고 싶은 열세 살 자녀를 둔 평범한 대한민국 엄마이자, 학부모보다 부모이고 싶은 사람이다.

I

열세 살
수학은
ㄹ□이다.

골치 덩어리

참을성과 생각들

싫지만 해야하

노노 지옥

학교같은 존재

다가가기 힘든 친구

땡땡이 하나뿐인 과목

는 선생님?

↑

모범 답안 2

길 안내 판

소중한 반호

↑

모범답

도전!

[평균 깎아먹는존

ㅠㅠ

하늘에서 별따기

신이 주신 /

저

기본

어렵게 하는

↑

모범답없안 /

없는 존재.

수학은 용어다.

수학은 문명이다. 잠시나마 집중할 수 있는 시간

수학은 습관이다.

수학은 도구다. 잔소리ㅜㅜ 사존섬

수학은
용어다.

많은 용어들이 정교하게
잘 이어진 수학나라 지도를
만들어 나가는 일이
수학 공부를
제대로
하는 것이다.

소인수분해는 소수들의 곱?

중학교에 입학하여 봄볕은 점점 따뜻해지고 낯선 아이들과도 익숙해지는 4월 즈음, 수학 교과서에는 소인수분해를 하라는 문제가 나온다. 10을 2×5, 14를 2×7과 같이 나타내라는 요구이다. 이런 문제를 대하게 되면 두 가지 의문이 스멀스멀 피어올라 그나마 한 달 동안 수학과 친해지려 애썼던 노고가 물거품처럼 사라질 위기에 처하게 된다. 첫 번째 의문은 이것이다. 두 수를 더하거나 곱하는 것도 아닌, 10을 2×5로 나타내는 것이 진정 원하는 답인가라는 것이다. 별로 한 일이 없는 것 같은 찝찝함이 남는다. 차라리 2 곱하기 5가 얼마냐고 물으면 10이라고 자신 있게 대답할 텐데, 이것을 거꾸로 하는 과정은 개운하지 않다. 그래도 자꾸 반복해서 이런 문제를 풀다 보면 첫 번째 가진 의문은 사실 잊혀진다. 문제는 두 번째 의문이다. 주어지는 수마다 소인수분해를 해서 이제 소인수분해를 잘하게 되었다. 그런데 왜 이런 쓸데없는 일을 해야 하는지 하는 것이다. 익힘책 한 쪽 가득 소인수분해를 해놓고 느끼는 상실감이다.

책에서 하라는 대로 소인수분해를 하고 책을 덮어버리는, 더 이상 고민하지 않는 아이에게 이런 고민은 없을 것이다. 그러나 수학을 잘하고 싶어서 성실하게 책을 따라가는 아이에게는 '내가 배우는 것이 무엇인가?', '내가 잘하고 있는 걸까'라는 의문이 항상 있을 것이다. 사실 이런 의문이 수학을 잘하게 하는 근본 동기이기도 하다.

그러면 중학교에 입학하여 집합이라는 낯선 개념의 벽을 넘은 후, 다시 또 부딪히는 소인수분해를 어떻게 넘어설 수 있을까? 그 이야기를 하기 전에 먼저 필자의 부끄러운 옛날 이야기를 하고자 한다. 기억은 가물가물하지만 어느 따뜻한 봄날, 방바닥에 엎드려서 숙제를 했던 기억은 확실하다. 숙제는 이십 개 정도의 수를 소인수분해해 가는 것이었다. 앞에서 예를 든대로 10, 14와 같은 수들을 $10=2\times5$, $14=2\times7$과 같이 다시 소수들의 곱으로 나타내면 되는 문제이다. 그런데 필자는 $10=5+5$, $14=2+7$. 이런 식으로 풀어갔다. 아무리 생각해도 황당할 뿐이다.

자, 황당함은 잠시 덮고 왜 이런 일이 일어났는지 생각해

보자. 우선 5, 2, 7이라는 수가 등장한 것을 보면 소수를 사용해야한다는 것은 어렴풋이나마 알고 있었음이 분명하다. 5와 5를 더하면 10이 맞다. 그러나 이 문제는 10을 가르는 것이 아니라 곱셈으로 나타내라는 문제인데, 굳이 소수 5를 택해서 덧셈으로 10을 만들었다. 또, 2와 7을 더하면 14가 아니라는 것쯤은 알고 있지 않았을까? 그런데 왜 2와 7을 곱하지 않고 더했을까? 소인수분해를 하려면 두 가지를 이해해야 한다. 하나는 소수, 또 하나는 분해. 즉, 주어진 수를 소수들의 곱으로 분해해야 하는데, 분해라는 것은 곱셈으로 나타내라는 의미이다. 다시 말해서 소인수분해라는 용어는 주어진 수를 '소수'들의 '곱'으로 나타내라는 것이다. 이 용어를 정확하게 이해하지 못했기 때문에 뭔가 비슷하기는 하지만 말도 안되는 답을 써갔고 결과적으로 이십 개의 문제를 모두 틀렸다.

많은 아이들이 이런 식의 실수를 한다. 그리고 단지 실수였다고 생각한다. 여기가 바로 심각한 곳이다. 이것은 실수가 아니라 소인수분해를 모르기 때문에 벌어진 일이다! 단지 $10=2\times5$, $14=2\times7$과 같이 답을 구할 수 있다고 해서 소인수분해를 안다고 말할 수는 없다. 왜 그렇게 나타내야 하는지를 이해하고 있어야 소인수분해를 제대로 안다고 할 수 있다.

그러면 소인수분해를 완전히 이해하는 건 어떤 것일까? 주어진 수를 '소수'로 '곱'해서 나타낸다는 것만으로는 부족하다. 왜냐하면 소인수분해를 제대로 이해하지 못해도 단지 몇 번의 연습과 눈치만으로도 문제를 푸는 것은 가능하기 때문이다. 중요한 것은 2 곱하기 5가 얼마냐는 초등학교식의 물음에서 무엇이 달라졌는지 알아차리는 것이다.

많은 사람들이 수학은 답을 구하는 것이라고 알고 있다. 물론 수학 문제를 풀 때는 답을 구해야한다. 그것으로 채점하고 점수를 매겨 수학을 잘한다 못한다라고 구분한다. 그러나 학년이 올라갈수록 수학이 어려워지는 것은 조금씩 다가오는 변화를 눈치 채지 못하고 있기 때문이다.

이 장면에서 흔히 거론되는 개구리 얘기를 해 보자. 뜨거운 물에 개구리를 넣으면 바로 물 밖으로 뛰쳐나간다. 뜨거운 물에 빠진 고통을 바로 느끼기 때문이다. 그러나 개구리를 큰 통에 넣고 서서히 불을 피워 온도를 올리면 개구리는 어떻게 될까? 온도 변화를 눈치 채지 못한 개구리는 자기가 죽어가고 있다는 것도 모른 채 죽어간다는 얘기가 있다.

수학도 마찬가지이다. 조금씩 조금씩 계속 새로운 용어와 개념이 등장할 때, 앞서 배운 것과 무엇이 달라졌는지, 달라지지 않았는지 정확하게 알아차려야 수학을 계속 잘해 나갈 수 있다. 소인수분해에서 중요한 것은 두 가지이다. 하나는 소인수분해를 할 수 있는 것, 또 하나는 소인수분해를 하는 이유를 이해하는 것. 이 두 가지가 모두 가능해야 진정으로 소인수분해라는 용어를 이해했다고 할 수 있다.

앞에서도 이야기했지만 소인수분해를 몇 번의 연습과 눈치로도 할 수 있다. $10=5+5$는 틀리고 $10=2\times5$가 맞는다는 설명을 들으면 '아하! 소수를 이용하되 곱셈으로 나타내라는 말이구나.' 하고 알아차린다. 더 중요한 두 번째. 초등학교에서 수에 대해서 배운 것은 대부분 계산이었다. 그런데 이것은 계산이 아니다. 이것은 표현이다. 그렇다. 달라진 점은 바로 수의 계산에서 수의 성질에 대한 공부로 바뀌었다는 점이다. 자연수는 소수들의 곱으로 나타내어진다는, 더구나 유일하게 나타내어진다는 자연수의 성질을 공부하는 것으로 바뀌었다. 이 작지만 커다란 변화를 알아차려야 진정으로 소인수분해라는 용어를 이해했다고 말할 수 있다. 대부분의 교과서에서는 새로 등장하는 용어를 굵은 글자로 나타낸다. 이런 용어들을 정확하게, 총체적으로 이해하는 것이 수학의 첫 걸음이다. 수학을 어렵다고만 생각하지 말고 수학나라의 언어를 배운다고 생각하자. 지금처럼 의사소통이 자유롭게 되기까지 얼마나 오랫동안 말을 배웠는지 기억하는가? 사실 지금도 배우고 있지 않은가. 매일매일 쓰는 우리나라 말도 그렇게 오래, 많이 배우는데, 수학나라의 말을 배우려면 그에 못잖은 노력과 정성을 기울여야 하는 것은 당연할 것이다.

용어는 계통 속에서 이해해야

수학을 공부하다 보면 새로운 용어가 계속 나온나. 다행히 굵은 글자여서 놓치지 않고 하나하나 음미하며 깊이 있게 이해하면 수학 실력은 나날이 늘 것이다. 그러나 여전히 문제가 있다. 합집합, 교집합이라는 용어를 이해하고 소인수분해라는 용어도 이해하고 문제도 잘 풀게 되었다고 하자. 문자도 자유롭게 쓸 수 있다고 하자. 중학교에 와서 한 단계 높아진 추상성을 큰 어려움 없이 극복해서 방정식도 잘 풀고 함수도 어렵지 않다고 하자. 그런데 왜 2학년, 3학년 올라가면서 점점 수학이 어려워질까?

용어를 이해하고 정확하게 답을 구하는 것만으로는 부족하기 때문이다. 노래를 잘한다는 말을 들으려면 악보를 읽고 음정, 박자 맞추어 부르는 것만으로는 부족한 것과 마찬가지이다. 음정, 박자만 맞아서는 듣는 이에게 감동을 불러일으킬 수 없다. 아직 부족한 것은 무엇인가? 바로 용어를 계통 속에서 이해하는 것이다.

소인수분해라는 것은 자연수를 소수들의 곱으로 나타내는 것이다. 자연수를 덧셈으로 나타내려면 오직 1 한 개의 수로 가능하다. 3은 1을 세 번 더해서, 100은 1을 백 번 더해서 나타낼 수 있다. 그런데 곱셈으로 바꾸면 1을 아무리 곱해도 3을 나타낼 수 없다. 100도 마찬가지이다. 10은 2와 5를 곱해야 나타낼 수 있고, 14는 2와 7을 곱해야 나타낼 수 있다. 그리고 2, 3, 7 등은 자기 자신보다 작은 수를 곱해서 나타낼 수 없는 수이다. 이때 소수라는 용어가 등장한다. 모든 자연수를 곱셈으로 나타내려면 덧셈과는 달리 여러 개의 수가 필요하다. 이런 기초가 되는 수들을 소수라고 하는데 소수 역시 무한개이다. 덧셈이 곱셈으로 바뀌면 이렇게 달라진다. 이 맥락 속에서 소인수분해를 이해해야 한다.

이번에는 눈을 위로 들어 보자. 중학교 3학년이 되면 인수분해라는 것이 등장한다. 소인수분해가 수를 대상으로 하는 것이라면 인수분해는 식을 대상으로 하는 것이다. 식에서도 소수 역할을 하는 식들이 있는데 인수분해는 주어진 식을 소수 역할을 하는 식의 곱으로 나타내는 것이다. 예를 들어, x^2+3x-4를 인수분해하면 $(x+4)(x-1)$이다. 이때 $x+4$, $x-1$이 바로 소수 역할을 하는 식이다. 다시 말하면, 1학년에서 배우는 소인수분해와 3학년에서 배우는 인수분해는 그 대상이 수냐 식이냐만 다를 뿐 동일한 개념이다. 이것은 고등학교에서도 되풀이된다. 고등학교 1학년에서 다시 배우는 인수분해는 중학교 3학년에서 배웠던 인수분해의 확장일 뿐이다.

공부를 하다 보면 수를 소인수분해하고 식을 인수분해하는 그 자체에 집중하게 된다. 점점 더 복잡한 수, 더 복잡한 식을 인수분해하느라 신이 빠시게 된다. 그러나 이 과정에서 중요한 것은 수의 구조, 식의 구조를 보는 눈을 키우는 일이다. 747이라는 수를 소인수분해하라는 문제에 부딪히면 어떻게 할 것인가? 7047, 74007이라는 수를 소인수분해하라는 문제는? 비록 수가 크긴 하지만 수의 구조를 볼 수 있는 눈이 있다면 이 수들이 모두 3의 배수라는 사실이 눈에 보일 것이다. 그 이유는 7, 4, 7을 더하면 18로 3의 배수이기 때문이다. 7, 0, 4, 7을 더하거나 7, 4, 0, 0, 7을 더해도 그 합은 모두 18

이므로 이 세 수는 모두 3의 배수이다. 따라서 먼저 3으로 나누면서 소인수분해를 시작하면 된다. 식도 마찬가지이다. 식 $x^2-4x+x-4$ 는 x^2+3x-4 와 달리 x^2-4x 와 $x-4$로 두 개씩 묶어서 인수분해해 나가야 한다. 이렇게 수의 구조, 식의 구조를 볼 수 있는 눈은 용어 하나하나를 계통 속에서 이해할 때 가능하다.

용어는 수학나라의 주춧돌

수학에서 용어가 이렇게 중요한 이유는 마치 말을 할 때 단어가 중요한 것과 같다. 단어와 단어를 이어 붙여 말이 만들어지고 의사소통이 되듯이 수학이 의미를 지니는 것은 사실 용어를 통해서이다. 소인수분해라는 용어가 없으면 어떻게 소인수분해를 할 수 있을까? 다각형이라는 용어가 없으면 어떻게 다각형의 넓이를 구할 수 있을까.

용어는 마치 수학나라의 주춧돌과 같다. 용어와 용어를 논리적으로 이어 수학이 만들어진다고 할 수 있을 정도이다. 그러면 용어는 위에서 언급한 두 가지 방식으로 이해하면 완벽할까? 아직 남은 것이 있다. 용어를 이해하는 세 번째 방법은 그 용어와 관련된 것들을 함께 파악하는 것이다.

소인수분해를 하고, 소인수분해가 인수분해와 같은 맥락이라는 것을 이해하고 나서도 아직 남은 일이 있다. 바로 소인수분해와 관련된 용어들이다. 중학교 1학년에서 소인수분해를 배우고 나면 최대공약수, 최소공배수를 배우고 최대공약수, 최소공배수를 구할 때 소인수분해를 이용한다. 그러나 두 수의 최대공약수를 구할 때 반드시 소인수분해를 할 필요는 없다. 예를 들어, 20과 28의 최대공약수를 구할 때 아래의 두 가지 방법이 모두 가능하다.

$$20 = 2 \times 2 \times 5 \qquad 20 = 4 \times 5$$
$$\underline{28 = 2 \times 2 \times 7} \qquad \underline{28 = 4 \times 7}$$
$$2 \times 2 \qquad\qquad 4$$

비록 위의 오른쪽과 같은 방법으로 최대공약수를 구했다고 하더라도 소인수분해를 하지 않았다고 볼 수 없다. 단지 소인수분해를 한꺼번에 해서 2×2를 4로 계산했다고 말할 수 있다. 최대공약수라는 용어의 정의를 알고 그것이 소인수분해를 기초로 해서 얻어진다는 사실을 이해하는 것이 소인수분해를 제대로 이해한 세 번째 증거가 된다. 필요할 때 사용할 수 있어야 진정으로 이해했다고 볼 수 있기 때문이다. 한 가지 더 짚고 넘어가자면 최대공약수라는 용어를 이해하는 출발점이 소인수분해라는 용어를 제대로 이해하는 것이라는 점이다.

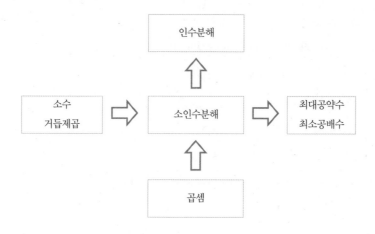

지금까지 살펴본 것과 같이 교과서의 단원 제목, 굵은 글자로 나와 있는 용어들, 이런 용어들을 논리로 이으면 수학이 된다. 따라서 배우는 것을 제대로 이해하고 수학을 즐길 수 있으려면 용어 하나하나를 깊이 있게 이해해야 한다. 이 과정은 마치 수학나라에 지도를 그리는 것과 비슷하다. 한 아이가 태어나기 이전부터 이미 세상은 존재하지만 아이마다 태어나서 자신이 경험하는 세상을 지도로 그려나간다고 볼 수 있다. 처음에는 집이 전부였던 지도에 시간이 흐를수록 집 앞 놀이터, 친척 집, 유치원, 학교 등 점점 많은 것들이 들어차게 된다.

수학도 마찬가지이다. 어려서 숫자를 배우고 도형도 배우고 학교에 가서 점점 많은 용어들을 배우게 되면서 그 아이의 머릿속에는 수학나라의 지도가 그려진다. 진짜 지도와 무엇이 다를까? 수학나라의 지도에는 섬이 없어야 한다. 이 용어는 저 용어와 이어지고 저 용어는 또 다른 용어와 맥락을 같이 하는 그렇게 얽힌 관계들이 잘 정리된 지도를 갖고 있는 아이는 수학을 잘하는 아이다. 이 용어, 저 용어가 섬처럼 따로 떠도는 아이는 아직 닦아야 할 길이 많은 아이이다.

수학을 공부하는 동안 새로운 용어는 계속 등장한다. 끊임없이 새로 등장하는 용어를 자신이 가지고 있는 수학나라 지도에 잘 그려 넣는 것이 수학 공부를 성공적으로 하는 방법이다. 그러려면 새로운 용어 즉, 추가해야할 지점을 어느 위치에 넣어야 하는지 파악하는 것이 첫 번째 일이다. 그 다음, 원래 있던 용어들과 연결하기 위해서 어디로 길을 내야할지 결정하는 것이 두 번째 일이다. 반복되는 이런 과정을 거쳐

많은 용어들이 정교하게 잘 이어진 수학나라 지도를
만들어나가는 일이 수학 공부를 제대로 하는 것이다.

• 남호영 서울대학교 사범대학 수학교육과를 졸업하고 인하대학교에서 이학석사
와 박사학위를 받았다. 현재 고등학교 수학교사로 일하고 있으며, 저서로는 제7
차 교육과정 수학 교과서(디딤돌)와 『영재 교육을 위한 창의력 수학』 등이 있다.

수학은
문명이다.

인간 정신의 산물인
수학은
인류 문명의 원천이며
인류의 생활과 밀접한 관련을
맺으며 발달해 왔다.

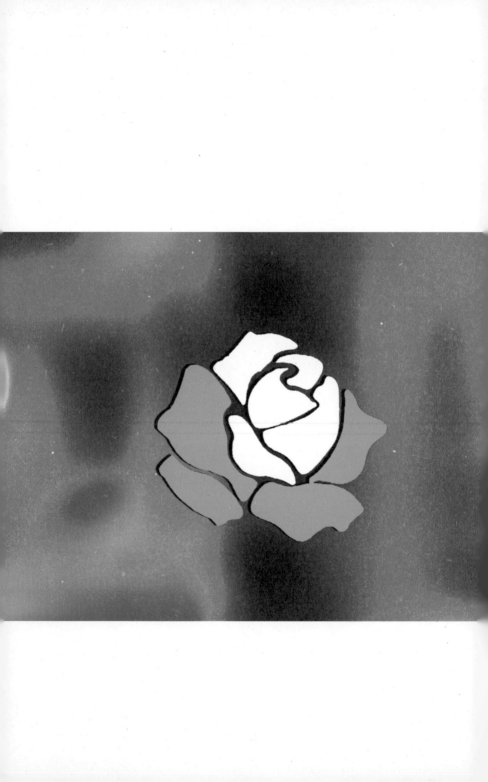

트리플 액셀 속의 수학

        2010년 2월 캐나다 밴쿠버에서 동계 올림픽이 열렸다. 100미터 달리기가 하계 올림픽에서 가장 관심이 집중되는 종목이라면 피겨 스케이팅은 동계 올림픽의 꽃이라고 할 수 있다. 특히 우리나라에서 피겨 스케이팅의 인기는 그 전에는 상상조차 할 수 없는 것이었으나 2010년 동계 올림픽 이후 절정에 달했다. 이 종목에서 우리나라의 김연아 선수가 환상적인 묘기를 선보이며 꿈에 그리던 금메달을 목에 걸었기 때문이다. 이렇게 김연아 선수는 우리 모두에게 가슴 뭉클한 감동과 충만한 기쁨을 주었다. 더불어 그동안 비인기 종목이었던 피겨 스케이팅을 활성화시켜 피겨 스케이팅에서 사용되는 스텝과 점프, 스핀에 대한 기술 용어들도 가르쳐 주었다.

    그중 트리플 액셀은 공중에서 몸을 3바퀴 반이나 회전시키는 고난이도 기술이다. 1980년대 초에 동유럽 선수들이 처음 선보였던 이 기술은 전체 동작에 걸리는 시간이 채 1초가 되지 않지만, 바로 그 1초가 메달의 색깔을 바꿀 뿐만 아니라 선수들의 운명을 결정하는 대단한 기술이다. 한때 김연아 선수의 라이벌로 사람들의 입에 오르내렸던 아사다 마오는 이 기술을 선보이다가 넘어져 여러 대회에서 김연아 선수에게 일인자의 자리를 내놓아야 했다고 한다. 도대체 어떤 기술이기에 사람의 운명을 바꿀 만큼 대단한 것일까? 몸을 3바퀴 반 회전시키려면 어떻게 해야 할까?

그 해답을 제시한 사람은 바로 미국 펜실베이니아 주립대학의 데비 킹이다. 그녀는 다양한 각도에서 선수들의 동작을 카메라에 담은 후 기하학을 이용해 각각의 카메라에서 나온 정보를 결합시켜 3차원 수학으로 나타냈다. 그리고 컴퓨터를 이용해 선수의 도약에 따른 이동 거리와 속도를 계산함으로써 트리플 액셀의 성공 여부가 얼마나 빠르게 회전하는가에 달려 있다는 것을 밝혀냈다. 아사다 마오 선수가 트리플 액셀에 성공하려면 높이 뛰는 연습을 하는 것보다는 점프력이 좋지 않더라도 하루 빨리 몸을 빠르게 회전시키는 연습을 해야 할 것이다. 물론 연습을 한다고 해서 모두가 다 그렇게 되는 것은 아니지만, 문제점에 대한 해결책을 찾았다는 것은 선수나 감독에게 매우 중요한 일이다. 이렇듯 수학은 우리의 궁금증을 해결하는 데 그 기초를 제공해 줄 뿐만 아니라, 그것으로 인해 한 인간의 삶을 변화시킬 수 있는 것이다.

그런 의미에서 우리가 학교에서 기능적 계산과 규칙들이 수학의 전부인 것처럼 배워 온 것에 대한 심각한 의문을 던져야 한다. 그것은 마치 인간의 골격을 이루는 뼈대들의 이름과 기능만 알고 있으면 살아 있는 인간을 정의할 수 있다고 착각하는 것과 마찬가지다. 수학은 공식을 외우거나 수학자의 이름을 알거나 수학 문제의 답을 알아내는 것이 전부가 아니다. 진짜 수학은 모든 생활과 과학의 기초를 형성하는 동시에 우리 자신과 세계를 이해하고 설명하려는 학문이다.

수학은 인류가 3,000년이 넘는 오랜 세월에 걸쳐 발전시켜 온 인간 정신의 산물이다. 잘 아는 것처럼 수학은 인간의 생존의 필요에 의해 만들어지고 고안된 학문이다. 따라서 수학은 우리에게 세상을 바라보는 강력한 수단을 제공해 준다. 그러나 안타깝게도 수학은 눈에 보이지 않는다. 다시 말해서 김연아 선수의 화려한 트리플 액셀의 고난도 연기에서 수학을 발견하기란 쉽지 않다. 그래서 수학이 얼마나 고맙고 소중한 존재인지를 우리는 잊어버리고 사는 경우가 많다. 그러나 수학이 실제 우리 주변에서 어떻게 쓰이는지 작은 것부터 하나씩 찾아본다면 어느 날, 여러분에게 친절하게 말을 걸어오는 수학의 모습을 발견할 수 있을 것이다.

인류 고대 문명과 수학

수학이 인류의 문명을 발달시키는 데 가장 중요한 역할을 담당했다고 한다면 사람들은 지나치게 과장됐다는 반응을 보일 것이다. 하지만 이는 수학의 본질에 대한 편견과 잘못된 인식에서 비롯한 것이다. 특히 수학을 숫자로 계산하고 방정식을 푸는 요령이나 방법이라고 생각하는 사람들은 그 말의 본뜻을 이해하지 못할 것이다. 그러나 여러 가지 물감을 혼합해서 캔버스에 칠한다고 해서 그것이 미술이 될 수 없는 것처럼 숫자를 계산하고 방정식을 푸는 요령이나 방법이 수학이 될 수는 없는 것이다. 기쁨과 슬픔, 아름다움 등 인간의 감정을 악보의 기호들을 사용해 표현하는 음악처럼 자연의 신비와 숨은 질서를 수식과 도형을 이용해 보여 주는 것이 수학이다.

수학의 역할에 대해 부정적인 견해를 가진 사람들도 수학이 문명의 발생과 밀접한 관련이 있음을 부인하기는 어려울 것이다. 수렵 생활을 하던 초기 인류가 먹잇감을 잡고 나누는 과정에서 자연스럽게 수라는 개념이 만들어졌다는 것은 누구나 다 인정할 수 있는 사실이다. 물론 그것을 직접 목격한 사람은 지금 없지만, 우리는 인류가 남긴 여러 가지 흔적을 통해 추론할 수 있다.

동유럽의 체코에서 3만 년 전의 늑대 뼈가 발견되었다. 그 늑대 뼈에는 수를 나타낼 때 사용한 것으로 보이는 흔적이 남아 있는데, 첫째 줄에는 25개, 둘째 줄에는 30개의 금이 그어져 있었다. 그런데 더 자세히 살펴보니 이 금들은 5개가 1묶음으로 표시되어 있었다. 이렇듯 초기 인류가 5의 배수로 수를 나타낸 이유는 무엇일까? 아마도 손가락이 5개이기 때문일 것이다. 또 오늘날 10진법이 널리 쓰이는 까닭도 양 손의 손가락이 모두 10개이기 때문이라고 추정된다.

손가락이 인류의 첫 번째 계산 도구가 되는 셈이다. 그러나 손가락을 사용하는 것도 한계가 있자 조약돌을 사용했다고 하는데, 이집트 인들은 문자를 발명한 후에도 덧셈과 뺄셈을 위해 조약돌을 사용했으며, 이것은 로마 인들에게까지 그대로 전해졌다. 로마 인들은 이 조약돌을 깔꿀리(calculi)라고 불렀고, 영국인들은 계산에 사용하는 조약돌을 카운터

(counter)라고 불렀다. 영어로 '계산'은 calculation, '미적분'은 calculus, '금전등록기'가 counter이다.

이렇게 수렵, 채집 생활을 하던 인류는 기원전 5000년경부터 커다란 강을 중심으로 모여 살기 시작하는데, 여기서 인류의 4대 문명이 일어난다. 즉 메소포타미아 문명이 티그리스·유프라테스 강 유역에서, 이집트 문명이 나일 강 유역에서, 인도 문명이 인더스 강 유역에서, 중국 문명이 황허 강 유역에서 시작된 것이다. 이 무렵부터 수학은 이미 뿌리를 내리기 시작했다고 할 수 있는데, 강은 사람들에게 집을 짓고 농사를 지을 수 있는 기름진 땅을 제공하여 사람들을 먹여 살리는 터전이었다. 홍수 때가 되어 강이 범람하면 강 바닥의 영양분이 강 주변으로 넘쳐 땅을 기름지게도 했지만 농지가 유실되는 부작용도 있었다. 따라서 인류는 홍수가 발생하는 시기를 알아내야 했고, 나아가 수확물을 분배하거나 구분이 없어진 농토를 다시 측량하거나 세금을 걷기 위해서 수학이 필요했다.

이집트 나일 강의 범람이 기하학 발달의 원인을 제공한 셈이다. 기원전 14세기에 세소스트리스라는 파라오가 있었다. 그는 모든 이집트 인들에게 똑같은 크기의 땅을 나누어 주고 그에 따라서 세금을 매겼다. 나일 강이 범람해서 땅을 잃으면 파라오에게 그 손실을 보고하고, 파라오는 측량관을 파견하여 피해 상황을 조사하고 땅의 경계를 다시 만들게 했다. 이때 밧줄을 이용해 땅을 삼각형과 사각형으로 분할함으로써 넓이를 계산했다. 오늘날 도형의 성질을 배우는 학문을 수학 중에서도 기하학이라고 하는데, 그 말은 '땅을 측량한다.'는 데서 비롯되었다고 한다.

수학이 우리 일상생활과 밀접한 관련을 맺으면서 발달했고, 그것이 인류 문명을 발전시킨 원동력이었음을 증명하는 사례는 많은 곳에서 찾아볼 수 있다. 얼마 전 높은 시청률 속에 막을 내린 「선덕여왕」이라는 텔레비전 드라마가 있다. 거기서 '미실'이라는 인물은 신을 대리하면서 막강한 권력을 행사한다. 일종의 '신탁'과 비슷한데, 이러한 성직자들의 예언이란 알고 보면 행성의 움직임과 별의 위치를 관찰해 규칙성을 찾아내고, 그것에 근거하여 자연 현상을 예측하는 것에 다름 아니었다. 고대에는 이런 자연 현상에 대한 지식을 독점한 '미실' 같은 성직자들이 이를 바탕으로 자연의 변화를 예측한 것이다. 이때 수학이 활용되었다. 당시 수학을 포함한 모든 지식은 통치를 위한 강력한 수단이었고, 따라서 성직자들은 권력과 지위를 유지하거나 독점하기 위해 가급적

기록을 남기지 않고 구전을 통해 지식을 전달했던 것이다.

또 하나의 증거는 바로 피라미드다. 통치자들은 권력을 유지하고 더 강화하기 위해 사원이나 대규모 건축물을 건설하였는데, 대표적으로는 이집트 쿠푸 왕의 무덤으로 알려진 기원전 2500년경의 대피라미드를 꼽을 수 있다. 사람들은 이 피라미드를 보고 두 번 놀라는데, 한 번은 엄청난 규모와 신비감에 놀라고, 또 한 번은 기하학적 정밀성에 놀란다. 피라미드 밑변의 길이는 230미터 정도인데, 평균 2.5톤 무게의 어른 키만 한 돌의 각 변의 길이는 소숫점 첫째 자리에서 값의 차이가 날 정도로 거의 비슷하고, 피라미드 밑변의 길이를 높이로 나눈 값은 1.57로 원주율(3.1416)의 절반에 해당하는 수치이다. 현대의 건축학자들마저 이런 정밀도를 가진 거대한 건물을 짓는 일이 불가능하다고 말할 정도라고 하니 고대의 수학이 현대의 수학에 미치지 못한다고 말하기 어렵다. 어쨌든 그것이 가능했던 것은 아마도 절대적인 권력이 있었기 때문일 것으로 추측된다.

이렇듯 수학이 인류 문명의 발달에 큰 역할을 했고 따라서 인류의 생활이 보다 더 윤택해졌다고 하지만 반드시 긍정적인 측면만 있는 것은 아니다. 피라미드 같은 거대한 건축물을 짓기 위해 수학이 활용되었지만 그 과정에서 얼마나 많은 사람들이 희생되었을 것인가도 생각해 봐야 할 문제다. 특히 지금은 흔적을 찾아볼 수 없고 전설로만 전해지는 바벨탑을 생각하면 더욱 그렇다. 고대 바빌로니아의 주요 도시에는 몇 킬로미터 밖에서도 보일 정도로 거대한 지구라트(ziggurat)라는 탑 모양의 사원들이 세워졌다. 기원전 3세기경 바빌로니아의 신관이자 역사가인 베로수스는 사람들이 원래 같은 민족이었으나 스스로 신보다 위대하다고 생각하여 하늘까지 닿는 높은 탑을 쌓아 결국 신의 노여움을 사 각기 다른 민족으로 흩어지고 탑도 무너졌다고 기록했다. 이것은 인간이 자연을 넘어서거나 정복하려고 할 때, 지금까지 쌓아온 인류의 문명도 결국 한줌 재로 바뀔 수 있다는 것을 우리에게 경고하는 사례라고 할 수 있다. 피라미드와 바벨탑의 예에서처럼 권력을 유지하고 강화하기 위해 자연의 순리를 거스르며 인간의 상상을 뛰어넘은 거대한 건축물을 짓거나 자연을 훼손하는 행위의 결과가 무엇일지, 그것이 오늘날에도 다르지 않음을 뼈아프게 되새겨야 하지 않을까.

고대 그리스 시대의 피타고라스는 수를 만물의 근원이라고 생각했으며 모든 자연 현상을 수와 도형으로 설명하고자 했다. 이것 또한 수학이 얼마나 인류의 생존과 관련이 있는지를 역설적으로 말해 주는 증거이다. 이러한 전통은 중세 시대까지 이어져 유럽의 대학에서는 피타고라스 학파의 관심 분야였던 기하, 산술, 천문, 음악의 4학과가 지식의 중심이 되었다. 그리스 시대에 수학은 유클리드 기하학이라는 하나의 완벽한 꽃을 피웠는데, 인간의 창조물 가운데 유클리드 기하학만큼 추론만으로 그토록 많은 지식들을 생산한 적은 없을 것이다. 심지어 플라톤은 자신이 세운 아카데미아 입구에 '기하학을 모르는 자는 들어오지 말라.'는 글귀를 붙였을 정도로 기하학의 형식과 논리를 중요시했다. 그리스 기하학에 의해 꽃피운 추론과 연역의 철학적 사고는 오늘날 현대 문명을 지탱하는 이성과 합리의 견고한 토대가 되었다.

역사상 가장 위대한 수학자 세 사람을 꼽는다면 뉴턴, 가우스, 아르키메데스일 것이다. 그러나 이들이 살았던 시대적 배경을 고려한다면 아르키메데스가 단연 최고일 것이다. 그는 실용성과 이익만을 추구하는 기술은 모두 탐욕스럽고 천

박하다고 여겼으며 순수 수학의 아름다움을 추구했다. 하지만 사람들에게 그는 수학적 천재성보다는 기지 넘치는 발명품들로 더 널리 알려져 있다. 그는 여러 가지 도형의 면적과 부피를 알아냈으며, 특히 원주율을 정확히 계산하고 지수 체계와 기수법을 발명했다. 조금 뜻밖일 수도 있겠지만, 그는 원기둥에 내접한 구의 부피가 항상 원기둥 부피의 $\frac{2}{3}$ 라는 사실을 밝혀낸 것을 자신의 가장 빛나는 업적으로 꼽았다. 심지어 자신이 죽으면 비문에 새겨달라고 했을 정도였다.

그러나 그리스 문명의 쇠퇴와 함께 수학을 비롯한 대부분의 학문은 로마 제국의 실용주의와 기독교 사상의 억압으로 천 년 동안 깊은 잠에 빠져들었다. 다행히 인도와 중동 지역에서는 아라비아 숫자의 발명과 더불어 대수학이 꾸준히 발달해 중세 시대에 아랍에서 유럽으로 건너온 수학은 이전에 비해 크게 다르지 않았다. 그 후 1600년경 르네상스 시대가 시작되면서 수학은 전례 없이 화려한 꽃을 피울 분위기가 무르익었다. 하지만 당시의 수학은 오늘날에 비해 보잘 것 없는 수준이었다. 사실 뉴턴 시대의 수학 지식은 현대적인 관점에서 수학이라고 말할 수조차 없을 것이다.

세월이 흐르는 동안 수학은 점차 복잡해져서 사람들은 수식과 방정식에만 귀를 기울이고, 실제로 그것들이 무엇을 의미하는지에 대해서는 까맣게 잊어버렸다. 사실 수학은 복잡한 현상을 가능한 한 가장 단순화시켜서 세상을 설명하는 매우 유용한 학문이다. 기호와 숫자, 수식과 그래프는 그러한 단순성을 포착할 수 있는 유일한 방법이 된 것뿐이다. 우리는 수학을 이용해 새로운 세상을 발견할 뿐 아니라 미지의 세계를 창조하기도 한다. 16세기에 근대과학을 탄생시킨 갈릴레이는 수학이 자연을 설명하는 데 중요한 도구라는 것을 깨닫고 "자연이라는 책은 수학의 언어로 쓰여 있다"고 말했다. 아리스토텔레스의 사상이 자연을 질적으로 설명하는 데 만족했다면 갈릴레이는 물체의 운동을 양적인 수식으로 나타냈다.

17세기에 뉴턴이 관찰한 것은 나무에서 떨어지는 사과와 지구 주위를 도는 달의 움직임이었지만, 그는 이러한 자연현상으로부터 간결하면서도 정확한 수학적 법칙을 이끌어냈다. 18세기 다니엘 베르누이가 발견한 방정식은 비행기를 공중에 뜨게 만들었고, 가우스와 리만의 정수론은 인터넷에서 새로운 비즈니스를 창출했다. 19세기 맥스웰이 그전까지 별개의 현상으로 알려진 전기와 자기 현상을 통합할 때 그가 사용한 것은 단 네 개의 방정식이었다. 더욱 놀라운 점은 추상적인 개념으로 여겨졌던 시간과 공간조차 아인슈타인의 상대성이론처럼 정확하고 일관성 있는 수학으로 표현된다는 것이다.

우리의 삶과 수학

수학은 이미 우리의 삶 깊숙히 자리잡고 있다. 우리는 미적분을 이용해 내일의 날씨와 주가 변동을 예측한다. 통계는 질병과 사고의 발생 가능성을 줄여 주고 보험회사들은 사망률을 예측해서 그에 따라 보험료를 산정한다. 확률은 우리에게 미래를 들여다볼 수 있게 해 주고 때로는 놀라울 정도의 정확성으로 선거 결과를 예측하기도 한다. 뿐만 아니라 우리는 수학을 통해 스크린이나 컴퓨터 속에 상상의 세계를 창조할 수 있다. 또한 스포츠에서 운동선수의 능력을 개선하는 방법을 찾거나 표범의 얼룩무늬가 어떻게 생겨났는지 설명할 수 있다. 심지어 바이러스가 인체를 어떻게 공격하는지 밝혀내기도 한다. 또 수학은 우리에게 자연의 숨은 질서를 보여 주기도 한다. 원자보다 작은 미시 세계에서 입자들의 움직임을 예측하고 밤하늘의 별과 은하들이 엄청난 속도로 우리에게서 멀어져 간다는 사실을 알려 준다.

이처럼 인간 정신의 산물인 수학은 인류 문명의 원천이며 인류의 생활과 밀접한 관련을 맺으며 발달해 왔다. 특히 오늘날은 그 어느 때보다 우리 삶의 많은 부분에 커다란 영향을 미치고 있다. 어쩌면 미래의 어느 시점에는 숫자와 데이터만으로 이루어진 세계 속에 살고 있는 자신을 발견할지도 모를 일이다.

• 정갑수 연세대학교에서 핵물리학으로 박사학위를 받았으며, 한국원자력연구소에서 다목적 연구용 원자로를 설계했다. 서울보건대학 방사선과 교수를 지냈으며, 저서로 『세상을 움직이는 수학』 등이 있다. 현재 과학 콘텐츠를 개발·연구하는 한국과학정보연구소장으로 있으면서 과학저술가로도 활동하고 있다.

수학은
습관이다.

수학에서 제일 중요한 것은
자신감입니다.
조그만 것도 할 수 있다는 자신감.
조금 더 어려운 것들을 해결해 나가면서
느끼는 희열.
그것이 바로 수학 공부의
재미입니다.

• 질문이 좀 막연하고 추상적이지만, 수학은 뭐라고 생각하시나요?

처음부터 좀 절망적인 이야기라고 실망할 수도 있지만, 저는 감히 '수학은 타고나는 것'이라고 생각합니다. 다시 말해서 수학은 영재나 천재들의 게임이라는 거죠. 자칫하면 저 같은 평범한 사람들은 넘보지도 말라는 말로 들릴 수 있지요. 그러나 엄격히 말하자면 우리가 공부하는 수학은 천재들이 하는 그런 수학은 아니죠.

학문적 업적이 뛰어난 사람에게 수여되는 노벨상에는 수학 부문의 상이 없습니다. 대신 수학에는 '필즈상'이라는 것이 있습니다. 수학의 노벨상이라고 불리는 이 상은 1936년에 시작되었는데. 당시 토론토대학의 교수인 J.C.필즈가 기부하여 시작된 상으로 국제수학자회의에서 주최하고 있습니다. 국내에 소개된 『학문의 즐거움』이라는 책의 저자인 히로나카 헤이스케도 필즈상의 수상자입니다. 그런데 이 상이 노벨상과 다른 점이 있습니다. 그것은 바로 수상 자격이 40세

이하라는 점입니다. 40대가 넘어가면 수학적 성과를 기대하기 어렵다고 보는 견해가 깔려 있는 거죠. 그런 의미에서 수학은 우리들의 평범한 수학이 아니라 천재들의 학문이라고 해야 정확한 표현입니다.

• 수학은 천재들만 하는 학문이다? 좀 많이 서운하고 위축되는데요?

그러나 너무 걱정할 필요는 없습니다. 굳이 서두에 다소 실망(?)스러운 말을 꺼낸 이유는 천재들의 수학과 우리들의 수학이 다르다는 것을 분명하게 해두기 위해서였습니다. 저 같은 평범한 사람들이나 이 글을 읽게 될 많은 학부모들이 학창 시절에 경험했던 수학은 '입시를 위한 수학'이었습니다.

수학이 인류 문명의 발전에 기여하고, 인간의 사고 활동에 영향을 끼쳤을 뿐만 아니라 생활과 밀접한 관련이 있는 학문이기는 하지만, 중고등학교에서 우리들이 해왔고 여러분의 자녀들이 하고 있는 수학은 '입시를 위한 수학'임을 부인하기 어렵습니다. 그 점을 명확히 하고 나면, '수학이란 무엇인가?'에 대한 질문에 좀 더 정확한 답을 내릴 수 있겠죠.

• 그렇다면 '수학은 [   ] 이다'라는 질문의 [   ] 속에 무엇이 들어가야 한다고 생각하시나요?

'습관'입니다. 습관이란 사전적으로는 '여러 번 되풀이함으로써 저절로 익고 굳어진 행동' 또는 '학습된 행위가 되풀이되어 생기는, 비교적 고정된 반응'을 말합니다. 제가 말하고 싶은 핵심 키워드는 '되풀이'와 '꾸준함'입니다.

• 선생님은 학생들을 가르쳐 오셨는데, 학생들에게 늘 강조하는 게 있으신가요?

저는 매해 수능을 보러 가는 아이들에게 이런 말을 합니다.
　"시험지를 받으면 제일 먼저 시험지를 노려봐라."
　그리고는 이런 말을 덧붙이죠.
　"시험지를 계속 노려보면, 시험지는 너희들의 기에 눌려서 고분고분해지겠지. 그런 다음 차분하게 문제를 풀면 된다."
　뭐든지 처음부터 기 싸움에 실패하면 지는 것입니다. 사람이든 동물이든 싸울 때 발견할 수 있는 공통점이 있는데, 바로 기 싸움을 한다는 점입니다. 사람들은 대부분 눈으로 기 싸움을 하지요. 먼저 눈을 내리까는 사람이 지는 것이죠. 아마 학창 시절의 그런 경험이 한두 번쯤은 누구나 있을 겁니다. 기선을 제압당하고 나면 그 다음은 없는 거죠.

• 생각해 보니, 정말 그렇군요. 수학도 마찬가지라는 말씀이시죠?

예, 그렇습니다. 우선 수학에 기선을 제압당하면 아무리 노력해도 수학을 잘할 수 없습니다.

학원에서 중학생을 대상으로 해서 간단한 실험을 한 적이 있습니다. 수준이 비슷한 중학교 1학년 10명의 학생을 두 개의 반으로 나눈 다음, 그 중 하나인 A반에게는 10개의 문제가 담긴 수학 문제지를 주면서 "이것은 초등학교 수학 문제"라고 하면서 문제를 풀게 했고, 다른 한 반인 B반에게는 아무 말도 하지 않고 그냥 문제를 풀게 했습니다. 과연 어떤 결과가 나왔을까요? A반의 평균 점수가 조금 높게 나온 거죠. 물론 수준이 비슷한 학생을 두 개의 반으로 나누었다고는 하지만 실력의 개인차가 있을 뿐만 아니라 그날의 시험 환경이나 학생의 컨디션 등 여러 가지 변인이 있기 때문에 그 결과만 가지고 '수학 점수에 영향을 주는 것은 자신감이다.'라는 결론을 낼 수는 없지만, 어쨌든 자신감이 수학에서 매우 중요한 것은 여러 가지 예에서 확인할 수 있습니다.

안타까운 예를 하나 들어 보겠습니다. 저희 학원에 수학을 잘하는 '병창'(가명)이라는 학생이 있었습니다. 병창이는 수학 교과 내신 1등급에다가 각종 모의고사에서도 수리영역 1등급이었죠. 수능에서도 당연히 1등급을 예상했는데, 정작 수능에서는 4등급에 불과한 저조한 성적을 얻었습니다. 물론 만점이 39명만 나올 정도로 2011학년도 수능 수리영역이 어려웠다고는 하지만, 학교나 본인 자신에게도 충격이었죠. 병창이는 "21번 문제부터는 하나도 생각이 안 났어요."라고 했습니다. 20번까지는 다 맞았는데, 그 다음부터는 망친 것이죠. 분석해 보자면, 병창이는 시험지와의 기 싸움에서 진 것입니다. 아무래도 주변의 관심과 기대가 병창이를 부담스럽게 했고, 수학 만점을 얻어야 한다는 강박도 컸을 거라고 짐작됩니다.

10여 년 전에 수미(가명)라는 학생이 있었습니다. 수미는 수학을 비롯해서 전 교과에서 우수한 성적이었고, 상위권 대학을 목표로 공부하고 있었습니다. 그런데 수미에게는 이상한 버릇이 하나 있었어요. 모의고사를 볼 때면, 시험에 대한 압박 때문에 화장실에 가서 구토를 하고 와서야 시험을 보곤 했습니다. 물론 지금은 다 극복하고 판사를 하고 있어서 다행이기는 하지만, 공부 잘하는 학생들이 갖는 심리적 압박이 어느 정도인지를 절감했던 경험이었습니다. 병창이도 결국 그런 시험에 대한 압박과 주변의 기대에 위축되었던 거죠.

• 정말 안타깝네요. 그런 사례들이 실제로 있었군요. 저의 학창 시절을 되돌아보면 이해가 갑니다. 낯선 문제가 등장하거나 뭐 하나에 걸려서 문제를 풀지 못하면 초조해지면서 머릿속이 갑자기 하얗게 변하곤 했지요.

그렇죠. 분명 성격 탓도 있습니다. 제 경험으로는 소심한 학생보다는 대범한 학생이, 부정적인 사고를 가진 학생보다는 긍정적이거나 낙관적인 사고를 가진 학생이 수학을 잘하는 경우가 많거든요. 어쨌든 중요한 것은 수학에 기가 죽지 않아야 한다는 것입니다. 위축되지 않아야 합니다. 수학 문제를 접했을 때 '어려운 문제야.'라고 생각하면 그 문제는 반드시 틀리고 맙니다. 그러나 기가 죽지 않는 아이들, 기가 센 아이들은 그렇지 않습니다. '이것 봐라. 뭐 별 거 아니네.'라고 생각하죠.

앞에서도 말했듯이 그래서 저는 수능 시험지를 받고 제일 먼저 이름과 수험번호를 적기 전에 문제부터 째려보라고 합니다. 시험 문제의 기를 죽이고 시작하자는 것이죠. 긴장 풀자고 하는 말이기는 하지만 주눅 들지 말라는 의미입니다. 이 책을 읽게 될 학생들도 일단 그렇게 한번 해 보세요. 그러면 시험 문제가 고분고분 얌전해진 것을 발견하게 될 것입니다.

• 특히 이 부분에 대해 이제 중학교에 입학을 앞두고 있는 아이들에게 하고 싶은 말씀이 있으시다면?

특별히 중학교에 입학하는 학생들에게 당부하고 싶은 것은 수학에 대한 부담감을 갖지 말라는 겁니다. 특히 공부 잘하던 학생이 더 위축될 수 있는데, 공부를 잘하든 못하든 자신감을 가지라는 겁니다. 내가 어려우면 남도 어려운 법이니까요. 이제 본격적으로 공부를 시작해야 하는 마당에 수학에 주눅 들 필요가 없는 거죠.

• 위축되지 않는다는 게 말처럼 쉽지만은 않을 것 같은데요. 위축되지 않으려면 어떻게 해야 하는 거죠?

위축되지 않으려면, 글쎄요. 먼저 익숙해야 하겠죠. 낯선 사람을 만나면 일단 위축되기 쉽잖아요. 낯선 환경에서는 누구나 그렇지요. 그러니까 너무 걱정할 필요는 없습니다. 아무리 대담한 사람이라도 마찬가지예요. 그러므로 위축되지 않으려면 그 대상을 익숙하게 만드는 수밖에는 없죠.

• 낯선 것을 익숙하게 만들려면 무엇을, 어떻게 해야 하죠?

많이 만나야 합니다. 아무리 낯선 동네라도 처음 갈 때와 두 번째 갈 때의 느낌이 다르잖아요. 한두 번 가다 보면 익숙해지잖아요. 수학도 마찬가지죠. 익숙해지려면 자주 만나야 합니다.

• 수학과 자주 만난다? 알 것 같기도 하고 모를 것 같기도 해요.

뭐, 그렇게 어려운 말은 아닙니다. 매일 보면 되지요. 처음 보는 사람도 매일 보면 정이 들고 익숙해지듯이 말입니다. 조금 다르게 말해 볼까요? 주변에서 가장 익숙한 게 뭐죠?

• 글쎄요. 공기? 밥?

예, 아주 훌륭한 답입니다. 밥이라고 해 봅시다. 한국인에게 밥은 매우 중요하죠. 건강과 생명의 원천이구요. 밥은 매일 하루 세 끼 먹습니다. 매일 세 번이나 만나니 밥은 우리에게는 매우 익숙한 존재죠. 그러니 낯선 대상을 밥처럼 익숙하게 만들면 됩니다. 우리는 습관처럼 밥을 먹잖아요. 밥을 먹는 것처럼 수학을 하면 됩니다.

• 아! 그래서 수학을 습관이라고 말씀하셨군요.

그렇습니다. 수학에 주눅 들지 말아야 하고, 그러려면 익숙해져야 하며, 익숙해지려면 습관처럼 수학을 해야 한다는 거지요.

• 말은 쉬운데, 그게 누구에게나 가능할까요?

세상에 누구에게나 가능한 것은 없어요. 영어 속담에 'No pain, No gain'이라는 말이 있습니다. 고통이나 노력이 없이는 얻어지는 게 없다는 뜻이죠. 노력 없이 얻어지는 게 있다면, 그건 불로소득이죠.

좀 더 쉽게 습관 이야기를 하려면 제 경험을 이야기하지 않을 수 없네요. 조금 지루하더라도, 자랑 같지만, 한번 들어 보실래요?

• 그러죠. 이제 이야기 보따리를 풀어 보시죠.

제 고향은 경상북도 경산입니다. 아주 아름다운 곳이죠. 경산에서 중학교까지 다닌 저는 푸른 꿈을 안고 대구에 있는 고등학교에 진학했습니다. 경산에서는 공부 좀 한다는 소리를 들었지만 고등학교 입학 성적은 반에서 39등이었습니다. 한 반에 70명 정도였으니 상위 50%에도 못 들었던 거죠.

입학한 지 얼마 안 된 어느 날, 담임 선생님께서 학생들이 목표로 하는 대학을 조사했습니다. 70명 중 68명이 서울대학교라고 답했고, 나머지 2명은 경북대학교라고 답했는데 두 명 중 한 명이 바로 저였습니다. 경북대학교도 제겐 과분한 목표였죠. 그런데 3년 후 제가 서울대학교에 합격하리라고는 아마 반 친구들 중 단 한 명도 예상하지 못했을 겁니다. 물론 그건 저도 마찬가지입니다만, 이 정도 되면 그 비결이 뭘까 궁금해지죠?

• 예, 정말 궁금한데요. 어떻게 공부하셨어요?

사실 저는 그게 공부라고 생각하지 않았습니다. 심심해서, 왕따가 싫어서 나름대로 고안해 낸 궁여지책이 바로 '복습'이었습니다.

제 주변에는 사르트르의 '구토'를 고민하고, 빌보드 차트 순위를 좔좔 외는 친구들이 많았습니다. 수업만 끝나면 제 주위에서 뭔지 알 수 없는 소리만 들려오는 겁니다. 전 당연히 눈만 멀뚱거렸죠. 경산에서 올라온 촌놈은 사르트르와 빌보드를 논하는 친구들과 도저히 어울릴 수가 없었던 거죠. 그렇지만 부러워만 했을 뿐, 사르트르를 찾아 읽거나 팝송에 심취하고 싶은 생각이 들지는 않더라구요. 왜냐하면 저는 시에 빠져 있었고, 시인이 되고 싶었거든요.

하여튼 친구들이 쉬는 시간마다 사르트르와 빌보드를 논할 때 촌놈인 나는 할 일이 없었던 겁니다. 그래서 혼자 심심해서 했던 게 바로 '복습'입니다. 처음에는 복습을 해야 한다는 생각도 없었고, 그것이 공부를 잘하게 되는 비법이 될 줄은 저도 몰랐습니다. 나중에 깨달을 수 있었을 뿐입니다.

• 복습요? 그거 누구나 다 아는 거잖아요.

맞습니다. 맞고요. 그런데 제겐 그렇지 않았어요. 그저 왕따를 피하고자 하는 간단한 게임 같은 거였어요. 너무 심심하고 할 일이 없어서 필기한 노트를 다시 한 번 읽어보거나, 교과서에 밑줄 친 내용을 한두 번 읽어보는 정도였죠. 수업 시간에 한눈을 팔거나 하지는 않았기 때문에 5분이면 중요한 내용을 기억할 수 있었죠. 그러기를 두 달여. 아예 습관이 되어 버린 거죠. 1학년 2학기 중간고사부터 서서히 효과가 나타나기 시작했습니다.

사실 저는 고등학교 2학년 때까지 시에 심취해 있었고 학교 공부는 등한시했죠. 릴케나 김수영 시집을 사다가 통째로 외우고 습작하는 것을 좋아했어요. 지금 생각하면 아름다운 추억이지만 그만큼 공부에는 소홀할 수밖에 없었죠. 특별히 공부한 게 없었으니까요.

가끔 좋은 대학을 간 학생들의 합격 수기 등을 보면, '교과서만 열심히 공부했어요.'라는 말이 나오는데, 그건 사실입니다. 좀 더 정확히 말하자면 '쉬는 시간에 틈틈이 복습했어요.'라는 말을 추가해야겠죠.

• 쉬는 시간 5분 학습이 효과가 있나요?

저 역시 효과가 클 거라고는 생각하지도 못했지만, 결과적으로 보면 효과가 있었죠. 저는 가끔 학생들에게 '오답노트'를 만들어 활용할 것을 권하는데, 대략 이런 식입니다.

첫째 날에는 공부한 것 중에서 잘 모르거나 하는 두세 문제와 풀이를 파일에 철해 놓습니다. 끼었다 뺐다 하는 파일이 좋습니다. 그리고 그 문제를 한두 번 읽어보는 것입니다. 당연히 공부한 지 8시간도 지나지 않았으니 기억이 잘 나겠지요. 그 다음날에도 두세 문제를 철합니다. 물론 그러면서 어제 본 것을 한두 번 읽어 봅니다. 어제 한 번 보고, 또 보는 거니까 당연히 생각이 나겠지요. 문제를 풀 필요도 없습니다. 그냥 눈으로 보기만 해도 됩니다. 아마 두 번째 날에 네댓 문제를 보는 데 십 분이 채 걸리지 않을 겁니다. 또 그 다음 날에 또 두세 개를 만들고, 전날 했던 것과 똑같이 합니다. 날이 거듭될수록 문제 수는 늘어나지만 한 문제를 보는 데 걸리는 시간은 점차 단축될 것입니다. 그러다가 일주일 후에는 전체를 한 번 훑어보고 다 이해한 문제는 버리면 됩니다. 그렇게 하다 보면 일주일 분량을 읽어보는 데 한 시간이 걸리지 않을 것입니다. 다시 말해서 매일 조금씩 복습을 하면 공부에 들이는 시간을 훨씬 줄이면서도 효율은 더 높일

수 있다는 말입니다. 그러나 이런 과정이 없이 시험에 닥쳐서, 그것도 배운 지 한두 달 후에 본다면 이미 수업 시간에 들었던 내용이더라도 시간은 훨씬 더 걸리고 효과는 더 떨어지겠죠. 즉 복습은 가장 효과적인 공부 방법인 것입니다.

• 듣고 보니 복습이 참 중요하고, 또 그리 어렵지 않을 것도 같은데요.

맞습니다. 그런데 중요한 것은 습관을 들이는 것입니다. 하루 이틀 또는 한두 주 하는 것은 그리 어려운 일이 아닐 수도 있습니다. 작심삼일이라는 말이 말해 주듯, 꾸준히 하는 게 어렵지요.

꾸준히 하는 것, 즉 습관을 들이는 것에 대한 방법은 EBS에서 방영한 적이 있는 '습관'이라는 다큐멘터리에서 확인할 수 있습니다. 이 프로그램에 의하면 어떠한 의식적 행동이 습관화되어 행동으로 나타나는 데 걸리는 시간이 66일이라고 합니다. 습관화된 행동은 뇌의 사용이 거의 없기 때문에 아주 쉽게 일어난다는 것입니다. 무엇이든 몸에 배기까지는 시간이 걸리는데, 약 두 달간만 버티면 별 어려움 없이 습관화할 수 있다는 것이죠. 개인마다 차이가 있겠지만, 두세 달이라는 기간은 상식적으로 생각해 봐도 이해할 수 있는 것이라고 생각합니다. 습관들이기 66일의 기적에 도전해 보세요.

• 복습도 중요하지만 예습도 중요하다는 말도 있는데요.

에빙 하우스의 망각 곡선에 따르면 예습을 하고 수업에 집중한 다음 2분 정도 복습을 한 상태에서 8시간 후에 정식으로 복습을 한다면 하루 후에도 80% 정도를 기억할 수 있다고 합니다. 이는 예습을 하면 더 기억에 오래 남는다는 말로 이해할 수 있죠. 그러나 제 생각은 좀 달라요. 특히 수학의 경우에는 예습보다는 복습이 더 효과적이라고 생각해요. 그 시간에 차라리 복습을 여러 번 하는 게 나을 뿐만 아니라 수학은 예습을 안 하는 게 더 나을 수도 있습니다. 사회나 과학의 경우에는 미리 공부한 후에 수업을 들으면 더 기억에 오래 남을 수 있지만 수학은 그렇지 않은 것 같아요. 그것은 전 시간 내용을 이해하지 못하고서는 다음 시간 내용을 이해할 수 없는 수학 교과의 특성에 기인한다고 봅니다.

돌이켜 보면, 저는 수업 후에 5분 복습한 것을 '딴 짓'이라고 생각했습니다. 그러나 나중에 알고 보니 그게 알게 모르게 습관으로 정착되고, 서울대학교에 갈 수 있는 원동력이었던 것 같습니다. 제 경험에 비추어 보니 EBS 다큐멘터리에서 제시한 66일이 얼추 맞는다는 것을 알 수 있었죠.

• 말씀을 듣고 보니 자신감이 생기는 걸요. 선생님 이야기는 이쯤해서 접어 두고, 다른 이야기로 화제를 돌려볼까요? 선생님이 오랫동안 경험한 최상위권 아이들의 공통점 같은 게 있으면 말씀해 주세요.

글쎄요. 학부모들로부터 간혹 이런 질문을 받기는 하지만 아이들마다 달라서 일반화시키기는 어려운 주제입니다. 굳이 이야기하자면 상위권 아이들은 하위권 아이들에 비해 자기 주도적입니다. 그리고 질문을 많이 합니다. 다시 말해서 뭔가 스스로 하려고 노력하는 아이들이면서 "선생님, 꼭 그렇게 풀어야 해요? 이렇게 풀면 안 돼요?"라고 질문을 하는 아이들이죠. 상위권 아이들을 꼭 따라해야 할 필요는 없지만 분명 그 아이들에게서 배울 점은 있습니다. 자신에게 맞는지, 자기가 할 수 있는지 판단해 보고 적용하는 노력이 필요하다고 봅니다.

• 그렇다면 중학생이 되는 학생들에게 수학 공부 방법에 대해서 하고 싶은 말씀이 있다면?

두 가지만 말씀 드리겠습니다. 첫째는 '질문을 많이 하라.'는 것입니다. 질문을 해야 자기가 모르는 것이 분명해집니다. 수학 문제 몇 개를 맞았다는 것이 중요한 게 아닙니다. 당장의 점수보다 중요한 것은 '제대로 알고 있느냐?'하는 거죠.

한 번 헷갈린 문제나 운이 좋아서 맞은 문제는 다음에도 헷갈릴 수 있습니다. 그러나 다음번에도 운이 좋다는 보장은 할 수 없지 않을까요? 그러니 내가 풀이한 방법이 맞는지, 조금 이상한 것은 없는지 스스로 질문하고, 선생님에게 적극적으로 질문하는 습관을 들여야 합니다. 수업은 질문하는 사람들 위주로 돌아가게끔 되어 있습니다. 질문하지 않으면 자기가 뭘 알고 모르는지 알 수 없을 뿐만 아니라 어디서 막히는지 그래서 뭘 어떻게 해야 하는지 잘 모릅니다.

두 번째는 구체적인 꿈을 가지라는 것입니다. 여기서 다시 제 이야기를 할 수밖에 없는데, 저도 사실 구체적인 꿈이 없었습니다.

• 선생님도 그러셨군요. 대부분의 청소년들이 꿈이 뭐냐고 물으면 '없다'거나 '잘 모르겠다'라고 대답하는데요?

그렇습니다. 저도 그랬지요. 앞에서도 말했듯이 고등학교 1학년 때 저는 서울대학교가 아닌 경북대학교라도 갈 수 있었으면 좋겠다고 생각한 적이 있었습니다. 반에서 39등으로 고등학교에 입학했으니 서울대학교는 바라볼 수도 없었던 거죠. 앞에서 말했듯이 저는 시인이 되고 싶었던 문학소년이었습니다. 수업 시간에 수업에 집중하지 않고 시집을 읽다가

들켜서 혼난 적이 한두 번이 아니었거든요. 그런데 시인이었던 제 꿈이 어느 새 약대로 바뀌어 있었습니다. 약사에 대한 거창한 포부가 있었던 것은 더욱 아니고 그저 '과학이 재미있어서'였습니다.

어느 날 화학 선생님께서 "이번 시험에서 화학 다 맞은 사람 손들어 봐."라고 하셨는데, 아무도 손을 들지 않는 거예요. 뻘쭘해서 눈치만 보다가 슬쩍 손을 들었는데, 저만 만점이었습니다. 앞에서 말했던 쉬는 시간 5분 복습의 효과가 나타났던 거죠. 그때쯤에는 습관으로 완전히 정착된 후였을 겁니다. 그러니 과학에 자신이 있었고, 그냥 막연히 약대를 가고 싶다는 생각을 한 거죠.

지금 생각해 보면 제 꿈은 여러 번 바뀌었던 것 같습니다. 그리고 큰 기준이 있었던 것도 아니었던 같아요. 그냥 하고 싶거나 잘하는 공부와 연관된 목표가 있었을 뿐이죠. 물론 구체적인 직업이나 직업관이 있는 게 더 좋은 것은 말할 나위도 없죠. 그러나 대부분의 평범한 학생들에게는 쉬운 일이 아니죠.

• 꿈이나 목표와 관련하여 예비 중학생들이나 학부모들게 당부하실 말씀이 있다면?

거창한 꿈은 없더라도 하루하루의 목표나 계획은 필요합니다. 그렇다고 방향까지 없다면 좀 문제겠죠. 적어도 고등학교에 들어가기 전까지는 '문과냐, 이과냐'하는 정도의 방향은 결정하는 게 좋습니다. 비록 지금은 목표가 없더라도 내 성향이 문과쪽인지, 이과쪽인지 가늠해 보고, 중학교 졸업할 때까지 방향성 정도는 정하는 것이 큰 도움이 될 거라고 생각합니다. 다만 조급하지 않기 바랍니다. 특히 부모님들은 자기도 학창 시절에 전혀 그렇지 않았으면서도 자기 아이가 꿈이 없다는 것에 분노하기도 합니다. 그러지 말라는 말입니다. 억지로 꿈을 심어주는 것이 오히려 독이 될 수도 있습니다.

• 중학교 때는 어떤 목표를 세우는 게 좋을까요?

일반화해서 말하기 어렵습니다. 다만 말할 수 있는 것은 구체적이지 않으면 목표가 아니라는 것입니다. 구체적인 목표가 구체적인 경험을 일으킵니다. 따라서 구체적인 목표를 고민해 보는 게 좋습니다.

누구나 매년 방학이 시작될 무렵에는 '생활계획표'라는 것을 짜는데, 그대로 실천해 본 사람은 아마 거의 없을 겁니다. 그것은 처음부터 거창하게 잡기 때문이지요. 거창하다는 것은 추상적이라는 말이고, 추상적이라는 말은 구체적이지 않다는 거지요. 그러니까 처음부터 거창하게 잡지 말고 실현 가능한 목표를 세워야 합니다.

• 그렇다면 중학생들에게 실현 가능한 목표는 뭘까요?

글쎄요. 중학교에 가서 1등을 하겠다는 것이 구체적으로 들리지는 않습니다. 그것보다는 중간고사에서 어떤 과목을 몇 점 맞겠다는 것이 더 현실적일 수 있지요. 또는 좀 더 좁게는 오늘 아침에 일어나서 뭘 할 것인지, 시간 단위로까지는 아닐지라도 하루 하루의 일과의 세부적인 목표를 세우는 게 중요합니다. 그리고 그것 역시 훈련이 되고 습관이 되도록 꾸준하게 노력해야 합니다. 다만 자기 수준에 맞게, 실현 가능한 계획이 중요하지요. 실현 가능하지 않으면 계획도 목표도 꿈도 아닙니다. 망상이지요.

더구나 실현 가능한 목표를 세워야 하는 이유는 하나하나 실현하고 완성하면서 재미를 느낄 수 있기 때문입니다. 그것이 곧 자신감을 갖는 계기를 만들고 그 가운데서 느꼈던 희열의 경험으로 그 다음이 가능하기 때문입니다.

• 이제 수학을 둘러싼 학교, 학원, 학부모에 관한 이야기로 화제를 바꾸어 보죠. 혹시 수포 클럽이라고 들어보셨나요? 어떤 통계에 의하면 중학교 2학년 때부터 수포자가 늘어나기 시작한다고 합니다. 수포 클럽이 왜 생긴다고 보시는지요?

저도 최근에 들은 이야기인데요. 좀 복잡한 이야기입니다. 우선 학교 교육에서부터 실마리를 풀어보죠.

학교 교육의 목적이 뭘까요? 단적으로 말해서 지금 또는 미래의 사회에 걸맞은 인력을 양성하는 것이죠. 말은 그럴싸하지만 현실에서의 학교 교육은 '순서 매기기'예요. 누군가가 시비를 못 걸게 하기 위해 순서를 매기는 것이죠. 어쩔 수 없이. 대학을 가려고 하는 것이니까. 아이들의 수준은 다른데, 등수는 매겨야 하고……. 그게 우리나라 중고등학교 교육의 현실입니다. 아마 많은 선생님들이 공감하겠지만, 공부 잘하는 학생들은 그들대로 재미가 없고, 공부를 못하는 학생들은 몰라서 재미가 없는 게 학교 수업의 풍경입니다. 다소 과장이 있을 수도 있고 학교마다 다르겠지만, 한 반에 30명이라면 평균 5~6명만 데리고 수업을 한다고 해도 과언이 아닐 겁니다.

• 제 주변의 교사들도 그런 고민을 합니다만 학교 현실이 그렇다고 해서 수포자가 늘어난다고 단정짓기에는 근거가 빈약한 거 아닌가요?

맞습니다. 그렇지만 수학이든 과학이든 국어든, 포기한다는 것은 무엇보다 재미가 없기 때문일 가능성이 큽니다. 뭔가를 지속적으로 하려면 목표의식도 필요하지만 그것만으로는 계속 지탱할 수 없지요. 꾸준히 할 수 있는 재미라는 요소가 가미되어야 합니다.

• 사실, 수학이 재미없기는 하죠. 수학이 재미없는 이유는 무얼까요?

보통 학부모들과 상담을 해보면, 자녀가 초등학교 5학년이 되면서 수학 지도에서 손을 놓게 됩니다. 왜냐하면 수학이 어려워지기 때문이죠. 부모들이 준비하지 않고서 알고 있는 것과 상식밖으로 가르치는 데 한계가 있거든요. 그렇게 난관에 봉착한 부모는 아이를 학원으로 보냅니다. 그러나 사람마다 차이는 있지만 '학원에 보내는 게 아니라 학원에 방치한다'고 해도 과언은 아닐 겁니다.

• 방치요? 대한민국 학부모를 너무 몰아붙이시는 거 아닙니까?

열심히 사는 부모들에게는 좀 미안한 이야기지만, 사실이 그렇습니다. 아이들에 대해서 거의 아는 게 없습니다. 자기 아이들이 천재인 줄로만 알고 있지, 자녀의 수준이 어떤 상태인지, 무슨 책으로 공부하는지, 잘하는 것과 잘 못하는 것이 무엇인지 등 자녀에 대해 알고 있는 게 거의 없습니다.

• 열성적인 엄마들도 많잖아요.

엄마들이 더 열성적이죠. 그러나 그건 열성이라기 보다는 욕심에 가깝습니다. 지금 이야기하는 주제가 수포자에 관한 것인데, 아이를 수포자로 만드는 것은 아이 스스로가 아니라 부모이거나 학교이거나 학원이라고 생각합니다. 그런데 우리는 늘 아이가 문제라고 생각하죠. 그 편견을 빨리 버려야 합니다.

• 그건 그렇지만, 영포자나 국포자라는 말은 없는데, 수학에 대해서만 그런 말이 나오는 이유는 뭘까요?

아주 좋은 질문입니다. 그것은 수학 교과의 특성 때문입니다. 영어는 기초가 없거나 조금 부족하더라도 중간부터 공부해도 됩니다. 수학 교육 과정은 나선형 구조를 가지고 있어요. 초등학교에서부터 고등학교까지 교육 과정을 살펴보면 매 학년마다 수학의 영역이 반복적으로 나타나면서 차츰차츰 수준을 높여 갑니다. 가령 방정식을 보면 일차방정식에서 이차방정식, 연립방정식 등으로 심화되어 가지요. 그러다 보니 이전 학년의 내용을 알지 못하고는 다음 학년의 학습을 제대로 할 수가 없습니다. 이는 우리나라만이 아니고 전 세계에서 똑같이 진행하고 있습니다. 곧 수학이라는 과목이 계단식 구조로 구성되어 있어서입니다. 따라서 어느 시기에 학습 결손이 주어지면 이후 학습 과정에서도 계속 결손이 나타나고, 학생들은 노력해도 따라가기 힘들어지니 수학을 어려워하고 기피하게 됩니다.

• 이런 악순환을 되풀이 하지 않기 위해서는 무엇보다 제 학년 제 과정의 학습을 꾸준히 해나가는 게 중요하겠군요.

맞습니다. 그런데 청소년 시기에는 그게 어렵지요.

중학교 때는 사춘기의 절정입니다. 사춘기는 자기 성체성에 대해 고민하는 시기이죠. 부모님들도 다 경험이 있어서 그 시기를 충분히 이해할 겁니다. "왜 공부해야 해?", "왜 살아야 해?" 등 세상 모든 것에 대해 질문하고 의심을 품는 시기이죠. 자기에게 관심 있는 것이 아니면 공부하기 싫어합니다. 따라서 그 시기를 놓치면 나중에 따라가기 어렵습니다.

• 그럼 어떻게 해야 하는지? 방법을 제시해 주세요.

사실, 방법은 다 나왔습니다. 수학은 밥 먹는 것과 같다고 했죠. 사춘기여도 밥은 계속 먹잖아요. 좀 적게 먹거나 한두 끼를 굶을 수는 있지만 상당 기간 결손이 생기면 굶어 죽거나 건강에 심각한 이상이 생기기 마련입니다. 꾸준히 먹는 게 중요하죠. 수학도 마찬가지로 당장의 성적이 중요한 게 아니라 꾸준하게 하는 게 중요합니다. 꾸준히 하는 습관을 들이도록 하는 게 13살 수학에서 부모들이 꼭 해야 할 부분입니다. 당장의 점수에 연연하지 말고 수학을 습관화하는 데 목적을 두어야 합니다.

• 그런데, 그게 쉽지가 않지요. 부모라면 더욱 그렇구요.

부모가 욕심을 버려야 합니다. 부모의 욕심이 클수록 아이가 잘될 가능성보다 안 될 가능성이 더 커집니다. 예를 들어 방황하느라고 중학교 과정에 대한 이해가 없는 상태로 고등학교에 입학했다고 치죠. 그런 아이가 고등학교 수학을 이해할 수 있을까요? 당연히 없습니다. 그런데도 부모들 중에는 학원에 와서 내 아이를 수준 높은 반에 배치해 달라고 하는 생떼를 쓰는 경우가 있습니다.

아이의 상태를 인정하고 또 아이가 거듭나려면 조금은 쪽

팔리지만 중학교 수학부터 차근히 해야 한다는 거지요. 부모의 역할은 아이의 상태와 수준에 대해서 항상 관심을 가지고 아이와 많은 대화를 나누는 것이라고 할 수 있습니다.

• 아이의 가능성을 믿고 부모의 욕심을 버리라는 말씀이네요.

예, 정확한 정리입니다. 대한민국 교육이 바뀌려면 입시 제도를 비롯한 교육 시스템도 바뀌어야 하지만 근본적으로는 부모의 의식이 바뀌어야 한다고 믿습니다.

• 어느 통계를 보면, 초등학교 수학 평균이 80점이라면 중학교는 60점, 고등학교는 30점이라고 합니다. 그 이유가 뭘까요?

그건 수학 문제가 어려워져서가 아니라 그만큼 수학을 포기하는 학생이 늘어나기 때문입니다. 그러나 아이러니하게도 수학을 포기하는 학생이 많을수록 수학으로 대학에 갈 수 있는 확률은 더 높아집니다. 포기하는 학생이 많으니 조금만 잘해도 빛이 나는 거죠. 그래서 다른 과목은 몰라도 수학은 꾸준히 해야 합니다.

• 그런데 특히 중학교에 와서 수학 포기자라는 말이 등장하는 것은 왜 일까요?

초등학교까지는 수학이 구체적이죠. '넓이를 구한다', '과일의 개수를 구한다.' 등 구체적이고 시각적으로 이해할 수 있는 문제들이 나오는데, 중학교에서는 문자화·추상화됩니다. 특히 중학교 1학년에서 가장 먼저 나오는 '집합'도 추상적 개념인데, 이제 초등학생 티를 갓 벗은 중학교 1학년이 어른도 힘든 추상화된 개념에 부딪히는 것이죠. 개념을 제대로 이해하지 못하니 그냥 문제만 외워서 반복적으로 풀 수밖에 없죠. 그러니 기초 실력이 쌓이지 않는 것입니다.

• 수학이 추상화되는 것은 어쩔 수 없는 것 아닌가요?

그래요. 수학이란 그런 학문이죠. 그러나 주상화도 반복 연습을 하면서 그 원리를 깨닫는 것이 중요합니다. 뛰어난 수학자이거나 천재성이 있다면 다르겠지만 보통 사람들은 반복해서 익숙해지는 방법밖에는 없지요.

영어 school이란 단어를 예로 들어 볼까요? 누구나 다 발음하고 쓸 줄 아는 단어이지만 실제로는 어려운 단어입니다. 그러나 이 단어를 누구나 쉬운 단어로 인식하는 이유는 반복적인 연습을 통한 익숙함 때문이죠. 수학도 마찬가지예요.

• 수학의 근원적인 어려움도 습관을 통해서 극복할 수 있다는 말씀인가요? 특히 우리 같이 천재가 아닌 평범한 사람들에게도요?

천재성이나 창의성이 없다고 고민할 필요가 없습니다. 꾸준하게 노력하고 외우면 됩니다. 수학에 타고난 사람들도 있겠지만 보통의 평범한 사람들은 다 비슷해요. 학교 수학은 비슷한 사람들이 경쟁하는 것입니다. 수학자나 영재들과 경쟁하는 것은 아니란 말이지요. 그런데 우리나라 엄마들은 자기 아이들을 영재이거나 비범하다고 생각하죠. 그래서 문제가 생기는 겁니다.

• 이제 인터뷰 시간도 거의 세 시간 째 접어들고 있습니다. 마지막으로 하고 싶은 말씀을 정리해 주시죠.

수학에 관심이 많고 수학으로 밥먹고 사는 사람으로서 학교와 학부모에게 꼭 하고 싶은 이야기가 있습니다.

누구나 수학은 재미있어야 한다고 알고 있습니다. 그러나 수학에서 제일 중요한 것은 자신감입니다. 조그만 것도 할 수 있다는 자신감. 조금 더 어려운 것들을 해결해 나가면서 느끼는 희열. 그것이 바로 수학 공부의 재미입니다.

• 수학은 수학 그 자체로도 재미있는 과목이라는 말씀?

예. 수학은 재미있는 학문입니다. 창의적이어서가 아니라 문제가 있고, 문제를 해결하는 과정이 있고, 또 문제를 해결한 다음의 희열이 있기 때문입니다. 그런 기쁨을 맛본 학생들이 수학을 싫어하게 될 가능성은 거의 제로에 가깝습니다. 그렇게 재미있는 수학을 공포스럽게 만들고 자녀를 수포자로 만드는 것은 부모나 교사의 과도한 욕심입니다.

「베토벤 바이러스」라는 드라마가 있었습니다. '똥덩어리'를 입에 달고 사는 주인공 강마에가 "아무리 세계적인 연주가라고 하더라도 하루 연습을 안 하면 그건 자신이 안다. 이틀을 안 하면 옆의 사람이 알고, 사흘을 안 하면 지나가던 개도 안다."고 말합니다. 수학도 마찬가지입니다. 한 번 성적이 올랐다고 해서 그것에 만족하거나 거기에 취해서 헛된 기대를 가지면 안 됩니다. 특히 수학은 더더욱 그렇습니다. 계속 강조하지만 꾸준하게 해 나가는 게 중요합니다.

• 이종석 서울대학교 사범대학 수학교육과를 졸업하고 고등학교 수학교사로 일했다. 수학 문제은행인 문제닷컴 개발에 참여하였으며, 저서로는 『일등급수학』 등이 있다. 이십 여 년 이상 상위권 학생에게 수학을 가르쳐 왔으며, 현재는 이종석 수학교실을 운영하고 있다.

수학은
도구다.

수학을 활용하는 대표적인 분야로는
은행, 증권사, 보험회사 등
금융회사가 있고,
컴퓨터 프로그래머, 건축공학 엔지니어,
로봇 시스템 엔지니어 또는 전자회사나
경제, 통계 관련 연구소의 연구원 등으로
일할 수도 있습니다.

• '수학은 [   ] 이다' 라고 정의한다면 [   ] 에 어울리는 말은 무엇이라고 생각하시나요?

수학은 '도구'라는 말이 떠오릅니다. 세상을 설명하기 위한 도구죠. 어떤 학문이든 숫자가 없으면 설명할 수 있는 건 하나도 없다고 생각합니다. 특히 공학이나 경제학 등에서 수학은 절대적인 학문입니다.

• 수학에 대한 각별한 애정을 느낄 수 있는 답변인데요, 어릴 때부터 수학을 좋아하셨나요?

저는 수학에 대해 특별한 느낌을 가지고 있지는 않았습니다. 오히려 수학에 대해 잘 몰랐어요. 초등학교 5학년 때로 기억하는데 어쩌다 수학 경시반에 가게 되었어요. 5, 6학년 2년 동안 남아서 수학 공부를 했지요. 여자 2명, 남자 2명이었는데 다른 친구들은 굉장히 지겨워하고 도망가고 싶어 하고 그랬는데 저는 뭔가 선택받은 느낌이 기분 좋았습니다. '경시반에 들어가고 싶다.' '가서 상을 타고 싶다.' 이런 생각은 없었어요, 우연히 들어가게 되었는데 색다른 재미가 있었어요. 그렇다고 제가 모범생 스타일은 아니었거든요. 어려서 그랬는지 모르겠지만 거창하게 수학이라는 학문을 공부한다는 느낌보다는 새로운 문제를 풀었을 때 뭔가를 해결해 내는 그 짜릿함이 좋았죠.

• 수학 말고 다른 과목이나 관심 분야에 대해서도 그런 성향이셨는지요?
굳이 말하자면 그런 편이라고 할 수 있긴 한데요. 제가 성격이 급하거든요. 좋아하는 것에 빠져들긴 하는데 길게 가지는 못하고 금방 싫증을 내기는 합니다. 하하.

그런데 수학 같은 경우는 어릴 때부터 그냥 조금만 하면 결과가 좋았어요. 오해 마세요, 잘난 척 하는 건 아니구요. 이유가 있어요. 뭐냐 하면 제가 시골에서 학교를 다녔거든요. 서울이나 대도시와는 달랐어요. 친한 친구들 중에도 공부에 욕심이 있는 친구도 그다지 없었구요. 부모님들도 공부로 다그치거나 하지 않으셨어요. 사실 운이 좋았던 거라고 할 수 있어요. 서울에서는 정말 열심히 해서 잘하는 친구와 조금 하고도 성적 잘나오는 친구는 결과에서 달랐을 텐데 시골에서는 티가 안 난 거죠.

• 조금 공부하고도 결과가 좋았다니 그렇다면 집중력이 좋은 편이었
나요? 사실 그런 아이가 친구들이 제일 얄미워하는 대상 아닌가요?

아뇨, 집중력이 좋지는 않아요. 3~4시간씩 꼼짝 않고 우직하
게 공부를 한다거나 이런 것, 저는 못했어요. 그리고 목표의
식이 남달라서 이번에 경시에서 금상을 타야겠다, 이번 시험
에서 1등을 해야겠다, 이런 게 없었어요. 지금 생각해보면 목
표를 설정하고 계획을 세워 실행해가는 그런 경험은 못했죠.
그런 욕심이 없었다는 것이 좀 아쉽기도 합니다. 결과적으로
도 영향을 미친 것 같고요. 다만 저는 수학 문제를 푸는 것
자체가 재미있었어요. '이 문제를 풀어야겠다.'라는 생각이
들면 그 문제를 풀기 위해서 필요한 것을 스스로 찾아본다거
나 왜 이렇게 되는가, 다른 풀이는 없을까 이런 고민은 했어
요. 4학년 때 분수의 개념을 처음 배웠는데, 선생님께서 그림
을 보여 주시면서 "$\frac{1}{2}$ 과 $\frac{2}{4}$ 는 같은 것이다." 라고 설명해 주
셨습니다. 그런데 저는 같은 그림에서 $\frac{1}{2}$ 과 $\frac{2}{4}$ 는 같지만 그
림을 다르게 그리면 다른 거 아니냐며 선생님과 30여 분 동
안 논쟁(?)을 한 적이 있습니다. 나중에 생각해 보니 나누는
기준이 되는 $a \times \frac{1}{2} = b \times \frac{2}{4}$ 의 전제조건이 $a=b$ 라는 것을 선

생님께 이야기했던 거죠.

• 수학에만 국한된 이야기는 아니겠지만 많은 사람들이 수학을 잘하려면 왜? 라는 의문을 가져야 한다고 이야기합니다. 선생님과 분수 개념에 대해 이야기한 것도 그 연장선에 있다고 보는데요, 그런 문제의식을 가지는 것이 실제로 많은 도움이 되나요?

저는 이상하게 수학 문제는 틀리는 것이 싫었어요. 그래서 시험을 보거나 할 때 검산을 여러 번 했어요. 검산을 할 때는 되도록 다른 방식으로 풀어서 답이 맞는지 확인을 했어요. 또 새로운 단원을 배우게 되면 배운 내용을 이용해서 다른 방식의 풀이를 생각해보고요. 지나고 보니 그것이 많은 도움이 되었다고 생각합니다. 그리고 제가 어릴 때 주산을 배워서 계산이 좀 빠른 편이었거든요. 계산이 암산으로 되니까 머리 회전에도 도움이 되고요, 계산에 자신이 붙더라구요. 그래서 군대도 계산병으로 갔어요. 대포를 쏠 때 각도 계산하는 일을 했어요, 두 세 자리 수의 곱하기 나누기 정도만 하면 되는 건데 수학 전공했다고요, 미술을 전공한 친구는 페인트 칠을 했지요. 하하하

• 수학 이야기만 나와도 저절로 인상이 써지는 학생들은 이해가기 힘든 이야기일 수도 있는데요, 수학이 싫어지거나, 수학 때문에 좌절한 적은 없었나요? 늘 재미있을 수는 없잖아요?

저는 충남 홍성에서 태어나서 중학교까지 그곳에서 살았는데, 그곳은 '선행 학습'에 대한 개념이 없었습니다. 아니, 어쩌면 저의 부모님만 그랬을 수도 있어요. 어쨌든 과학고에 처음 입학을 했는데 다른 친구들은 고3 과정까지 거의 모두 소화를 하고 온 거죠. 저도 나름 중학교까지 공부 잘하는 학생이었는데 학교 수업이 실력 정석으로 하루 2단원을 휙휙 나가는 겁니다. 상대적인 박탈감을 느꼈고, 빠르게 진행되는 수업을 따라가기가 너무 힘들었습니다. '왜 나를 미리 공부 시키지 않았을까' 부모님을 원망한 적도 있었습니다. 저희 부모님은 정말 시골 분들이세요. 시험 전날 책상에 엎드려 잠든 저를 내버려두셨습니다. 다음 날 아침에 제가 왜 깨우지 않았느냐고 막 화를 냈더니 어머니께서 '공부 니가 하는 거지, 내가 하는 거냐? 왜 나한테 성질을 부리냐'고 하셨습니다. 공부, 니가 좋으면 하고 싫으면 말라는 거죠. 요즘 아이들 성적과 입시에 모든 것을 쏟아 붓는 부모님들을 생각하면 이해하기 힘들죠. 아무튼 그때부터 수학이 정말 재미없고, 미리 배운 친구들을 절대 따라 잡을 수 없겠다고 생각했었습니다. 게다가 엄청난 속도의 진도를 따라가기에 급급한 공부만 했었습니다. 물론 성적도 좋지 않았습니다.

• 그런 어려움을 어떻게 극복하셨나요? 다른 친구나 과외, 학원 등의 도움을 받으셨나요?

사실 솔직히 말하면 어떻게 이겨냈는지도 잘 모르겠어요. 과학고는 1학년 때 고3까지의 전체 과정을 마무리 합니다. 뭐 생각할 틈도 없이 그냥 따라가기 바빴습니다. 숙제도 다 못해갈 정도로 진도가 빠르니까요. 스트레스는 쌓이고 힘들었지만, 어쨌든 하긴 해야 한다고 생각했어요. 수학 문제가 안 풀려 욕을 하면서도 포기는 안한 거죠. 명색이 과학고인데 수학을 못한다는 게 정말 싫었어요. 미술, 일본어, 세계사는 못해도 부끄럽지 않았는데 수학을 못하니까 정말 속상했어요. 세계사는 14점을 받은 적도 있어요. 그리곤 그걸 자랑이라고 친구들한테 나 세계사 14점이라고 떠들고 다녔으니까요. 하하 그리고 고1 여름 방학 때 한 달, 겨울방학 때 한 달 과외를 했습니다. 그 때도 선생님이 일방적으로 설명해주시는 것은 아니라는 생각이 들어서, 선생님이 설명해 주시면 문제는 제가 풀겠다고 했어요. 그리고 막히는 부분에 대해 다시 설명을 듣고요. 나중에 제가 대학생이 되고서 과외를 해보니까, 많은 학생들이 저만 바라보고 있어요. 제가 푸는 것은 학생들에게 도움이 안 되죠. 저는 다 알고 있거든요. 자기가 직접 왜 그런지 고민하면서 푸는 것이 가장 중요해요. 모르는 문제를 해설을 보고 풀 때도 마찬가지에요. 과외할 때 그 친구들한테 많이 해주는 이야기인데요, 해설을 펴놓고 보면서 옮겨 적는 것은 내 것이 안 됩니다. 다음에 그 문제를 만나면 또 막힙니다. 저는 모르는 문제를 만나면 고민하다 해설을 눈으로 한번 빠르게 훑어 본 다음 책을 덮고 혼자 힘으로 풀었습니다. 어쨌든 1년 동안 고등학교 전체 과정을 한 번 다 끝내고나니, 생각이 조금씩 바뀌었습니다. 늦게 시작했지만, 전체의 모습을 한번 보고 나니 문제 푸는 것 자체에만 집중했던 공부방식도 원리를 이해하고 파악하는 쪽으로 바뀌어 가고, 그러다 보니 오히려 스트레스가 새로운 것을 발견하는 기쁨(?)으로 바뀌었습니다. 단순히 성적이 올랐다는 것이 기뻤던 게 아니라 다시 마음의 여유를 가지고 수학 자체를 즐길 수 있게 되어 정말 기뻤습니다.

• 나중에 수학 과외를 하시면서 느꼈던 아이들의 문제점과 그 처방에 대한 이야기가 궁금합니다.

수학을 못하는 아이들은 자신이 틀린 문제나 낮은 점수에 대해서 기분은 나빠하지만 왜 틀렸는지 이유를 알려고 하는 노력이 부족합니다. 그 지점이 매우 중요합니다. 그래야 바뀌는 것이 있습니다. 잘하는 아이들은 확실히 문제의식이 있어요. 그리고 욕심도 있고요. 그리고 가장 중요한 것은 기본이 탄탄하게 되어 있는 것이라고 생각합니다. 수학은 단계별 나선형 구조로 되어 있잖아요. 기본 학습이 안되어 있는 상태에서 진도를 나가는 것은 밑 빠진 독에 물붓기와 마찬가지입니다. 앞의 것을 모르는데 그것을 기반으로 더 나아간 내용을 어떻게 알겠어요? 악순환의 반복이죠, 이때는 선택과 집중이 필요하다고 봅니다. 지금 당장 진도가 좀 늦더라도 과감하게 기본을 다져야 합니다.

• 수학을 좋아하셔서 자연스럽게 수학과로 진학하신 것인가요?

사실은 대학교에 입학할 때, 기계공학과로 입학하였습니다. 수학이 재미있긴 했지만, 수학을 보다 폭넓게 이용하는 학문도 매력 있게 보였습니다. 기계공학을 선택하고 수학을 복수전공으로 공부하면 된다고 생각했지요. 그런데 기계과 수업을 듣다보니, 공학은 현실적인 학문이기 때문에 수학처럼 수치가 정확한 값이 아니고, 근삿값을 가지고 어떤 현상을 설명하고 있었습니다. 그런데 저한테는 그것이 거짓이라는 느낌이 들었습니다. 그래서 아예 수학과로 전과를 하였고, 수학에 전념(?)하게 되었습니다. 물론 나중에 대학원 석사 과정까지 마치고, 수학에 대한 좀 더 넓은 시야를 갖고 보니 기계과 혹은 공학 관련 학과에서 다루는 학문도 매력적이라는 것을 알게 되고, 수학을 도구로 사용하는 훌륭한 학문임을 깨닫긴 합니다. 그때는 너무 고지식하고 어렸던 거죠.

• 수학과에서는 무엇을 공부하나요? 또 대학 수학은 고등학교에서 배운 수학과 어떻게 다른가요?

수의 체계 및 덧셈 뺄셈의 원리를 설명해주는 대수학, 미적분의 원리를 파헤치는 해석학, 공간과 위치 관계를 파악하는 위상수학, 그 밖에 선형대수학, 수리통계, 미분·적분, 금융수학, 수치해석 등을 배웁니다. 고등학교 때 배우는 수학은 수에 대한 기본적인 이해와 기초 방법의 소개라고 할 수 있습니다. 그러다 보니 어디까지가 원리를 파헤치는 것이고 어디까지가 응용인지 파악하기가 쉽지 않습니다. 하지만 대학에서는 아예 원론적인 수학을 배우거나 아니면 공학을 위한 고급 툴을 배웁니다. 고등학교 때처럼 순서대로 흐름을 따라가진 않고, 본인의 선택에 의해서 원론적인 내용만 깊이 배울 수도 있고 응용 분야만 깊이 배울 수도 있습니다. 최근에는 취업과 연결된 응용수학(수치해석, 금융수학 등) 과목이 많이 개설되는 편입니다.

• 처음에 수학은 세상을 설명해주는 도구라고 말씀하셨는데, 수학은 직업과 어떻게 연결되나요? 수학을 공부한다면 수학을 매개로 사회에서 어떤 일들을 할 수 있나요?

수학을 전공하고 할 수 있는 일은 여러 가지가 있어요. 수학을 수학 그대로 직업과 연결시킨다면 수학자, 선생님, 수학책을 만드는 편집자 등이 있고요, 수학을 활용하는 대표적인 분야로는 은행, 증권사, 보험회사 등의 금융회사가 있고, 컴퓨터 프로그래머, 건축공학 엔지니어, 로봇 시스템 엔지니어 또는 전자회사나 경제, 통계 관련 연구소의 연구원 등으로 일할 수도 있습니다. 또 수학은 사고를 보다 논리적으로 하는 데 매우 도움이 되는 학문입니다. 복잡하고 난해한 상황을 정연하게 정리할 수 있게 해주죠, 그래서 수학과는 전혀 상관이 없다고 생각하는 기획팀에서 수학전공자를 뽑기도 합니다.

• 하시는 일은 어떤 일인가요? 수학과 하시는 일 사이에는 어떤 관련이 있나요?

저는 SK증권 장외파생상품팀에서 일하고 있습니다. 전통적인 투자 방식인 주식, 채권 등을 기초 자산으로 하여 새로운 형태의 상품을 만들어 내는 팀입니다. 상품은 고객이 원하는 요구에 따라서 다양하게 만들 수 있는데, 직관이 아닌 수학적 계산을 통해 정확한 상품을 만들어야 합니다. 장외파생상품 또는 옵션 상품은 시장가 이외에 이론가라는 것이 존재하는데, 이론가를 구하거나 상품을 복제하기 위해서는 수학적인 모델링 및 계산이 필요합니다. 상품이 고객과 회사에 손실을 주지 않는지 미분과 적분, 통계 등을 사용해서 확인합니다. 이 일은 반드시 수학과 출신만 하는 것은 아니지만 수학에 대한 기본적인 이해가 있어야 합니다. 제 주변에도 경제·경영을 전공하신 분들이 많은데 수학 때문에 힘들어 하시는 경우가 있기도 합니다. 입사 초기에 힘들어서 정석을 다시 풀면서 공부했다는 선배님들도 계세요.

• 수학 때문에 힘들어하는 친구들에게 한마디 해주신다면?

보통 수학이 어렵다고 말하는 건, 문제 하나하나에 대한 이야기라고 생각됩니다. 한 문제가 안 풀린다고, 혹은 일부 내용이 이해 안 된다고 전체가 어려운 건 아닙니다. 수학이라는 학문은 아무리 잘게 쪼갠다고 해도 전체가 다 하나로 엮여 있습니다. 일단 전체를 다 공부해 봐야합니다. 전체를 다 공부하면 전에 풀리지 않았던 문제도 어느 정도 풀리기 시작합니다.

또한 중고등학교 때 수학을 못하는 학생들을 분석해 보면, 결코 머리가 나쁘진 않습니다. 기본기가 부족한 경우가 대다수 입니다. 지수법칙, 문자와 식, 방정식, 인수분해 등은 이후 고등학교 때까지의 수학의 기본이 됩니다. 모든 문제를 풀 때 '수단'이 되기 때문에 반드시 단단히 다져두어야 합니다. 그렇게 되면 자연스럽게 문제 푸는 능력이 길러지게 되고 자신감도 생기게 됩니다.

• 박순삼 수학 문제 푸는 재미에 빠져들어 수학으로 세상과 소통하는 인생을 살고 있다. 아주대학교 수학과. 카이스트 석사 졸업 후 현재 증권회사에서 일하고 있다.

II

열세 살
우리들의
수학 멘토

게임에 빠져 공부는
뒷전이던 J는
어떻게
수리영역 만점자가
되었을까?

J가 중3 1학기 중간고사에서 일본어를 19점
받아 왔습니다. 그래서
다음 기말고사 기간에 J와 둘이서
인터넷 강의를 같이 들으며
일본어 공부를 했습니다.
일본어는 90점 이상을 받아 왔습니다.
학교에서 성적이 많이 올랐다고 칭찬을 받고 오더니
자신감도 조금 갖는 것 같았습니다.

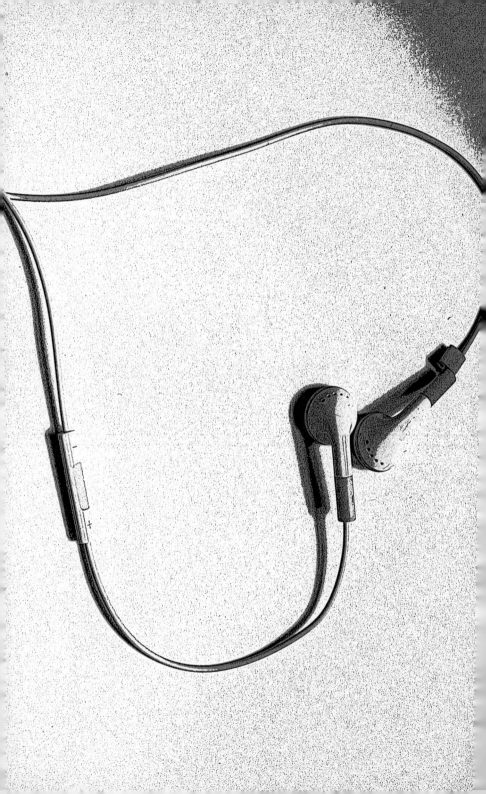

J를 소개합니다

우리 아이가 올해 대입 수시 모집으로 연세대 경제학부에 합격하였습니다. 입학사정관제인 진리자유 전형에서 우선 선발 합격하였는데, 우선 선발이란 면접 고사를 면제해 주고 서류 평가만으로 합격을 확정하는 것을 말합니다. 물론 수능에서 3개 영역 2등급 이상이라는 최저 기준은 충족해야 합니다. 서울대 경영대 특기자 전형에서는 서류 평가인 1단계에 합격하여 1.6배수 이내에 들었으나 논술과 면접 구술 고사가 포함된 2단계에서 고배를 마셨습니다. 논술과 구술 실력이 많이 미치지 못했던 것 같습니다.

서류 평가에서 가장 중요한 것은 자기 소개서인데, 두 대학에서 모두 서류 평가를 통과했으니 우리 아이를 소개해 드리면 하나의 합격 사례를 제대로 보여 드릴 수 있지 않을까 합니다. 물론 이것은 하나의 사례일 뿐이어서 모두가 따라할 수도 없고, 할 필요도 없을 것입니다. 다만 다양한 상황을 헤쳐 나가야 하는 다양한 학생들과 또 그 학부모들에게 참고할 만한 거리를 보여 드릴 뿐입니다. 또한 대학도 소위 스펙이 좋은 고급 사양의 학생들만을 선발하고 있는 것은 아니라는 것을 알려 드릴 수 있는 기회일 수도 있겠지요.

일단 우리 아이를 J라고 해 둡니다. J의 자기 소개서를 재구성하여 인용하면서 후기를 쓰겠습니다.

J, 공부를 시작하다

"초등학교, 중학교 시절 스타크래프트 프로게이머가 꿈일 정도로 인터넷 게임에 푹 빠져 있었습니다. 아버지께서 세가 좋아하는 것을 하라며 한국게임과학고에 진학하라고 하셨지만, 내신 25% 이내라는 지원 자격도 되지 못할 정도로 공부와는 담을 쌓고 지냈습니다. 아버지께서는 고등학교 올라갈 때 환경을 바꿔 보자고 하셨습니다. '네 집중력이면 공부하기로 마음만 먹으면 잘할 수 있어.' 하고 격려도 해주셨습니다. 중학교 3학년 겨울방학에 서울로 이사하면서 처음으로 스스로 공부했습니다. 게임도 스스로 끊었습니다."

J는 경기도에서 중학교를 다녔습니다. 어렸을 때 집에서 제대로 돌봐주거나 학습 관리를 해줄 상황이 아니어서 거의 내버려 두다시피 했습니다. 물론 학원에 다니다 말다 하였지만, 공부를 시키려 했다기보다는 보육 차원에서 그랬다는 것이 더 어울릴 정도였지요. 게임에 빠져 있어서 학교 가는 시간을 제외하곤 늘 컴퓨터 앞에 앉아 있었습니다. 방학 때는 하루 세 끼 밥도 컴퓨터 앞에서 먹을 정도였고, 네댓 시간 동안 화장실 가는 법도 없었습니다.

　고등학교 진학을 앞두고 "그래, 애가 좋아하는 걸 시키자!" 하고 특성화고인 게임고등학교를 알아봤는데, 프로그래밍이나 그래픽 디자인 특기가 없는 학생은 국어, 영어, 수학, 사회, 과학의 3개 년 평균이 각각 상위 25% 이내에 들어야 지원 자격이 있었습니다. J의 내신을 계산해 보니 여기에 들지 못하더군요.

　J는 중3(예비고1) 겨울방학에 서울로 이사해서 일반고에 배정받았습니다. 제가 다니던 회사가 너무 멀었던 것이 이사의 가장 큰 명분이었지만, 이를 계기로 환경을 바꾸어 보려는 목적이 있었습니다. 그렇게 J의 공부가 시작되었는데, '평일 하루 1시간, 토요일 4시간, 일요일 마음대로'라고 협의했던 게임을 평일에는 하지 않겠다고 스스로 정리하더군요. 이제

J의 변화가 시작된 겁니다. 고1 1학기가 되더니 어느새 주말 게임도 끊어 버렸습니다.

J가 중3 1학기 중간고사에서 일본어를 19점 받아 왔습니다. 5지선다 시험이니까 같은 번호로만 다 찍어도 20점은 나오잖아요? 이때 처음으로 J에게 관여를 해야 되겠다고 생각했습니다. 그래서 다음 기말고사 기간에 J와 둘이서 인터넷 강의를 같이 들으며 일본어 공부를 했습니다. 다른 과목도 조금씩 같이 했더니 성적이 조금 오르고 일본어는 90점 이상을 받아 왔습니다. J는 저와 함께 인터넷 강의 듣는 것을 그나마 즐거워하더군요. 학교에서 성적이 많이 올랐다고 칭찬을 받고 오더니 자신감도 조금 갖는 것 같았습니다.

하루는 게임에 푹 빠져 있는 J에게 끓어오르던 아내가 이러더군요.

"당신은 아이를 사랑해서 참는 거야?"

"아니, 그냥 무조건 참아. 회사에서 열 받아도 다 참고 지내는데, 왜 집에서 못 참아? 사랑해서 참는 게 아니라 그냥 참는 거야. 그러다 애가 조금씩 달라지면, 그러면 그냥 그게 사랑스러워……."

한참 후 눈이 뻘개져서 게임을 끄고 나오는 J의 어깨를 두드리며 말했습니다.

"넌 나중에 공부를 하면 집중력은 최고일 거야. 네댓 시간은 끄떡없잖아!"

J가 씩 웃더군요.

"알았어, 고등학교 가면 한다니까."

J, 용돈으로 참고서를 사오다

"고등학교 입학 직전에야 처음으로 스스로 공부하게 되었습니다. 대학교 이후의 인생은 제가 책임져야 한다는 자각이 들었습니다. 남들에게 한참 뒤처진 실력을 만회하기 위해 열심히 공부했지만, 고1 3월 전국모의고사에서 언어 4등급, 수리 3등급, 외국어 3등급, 사회탐구 2등급, 과학탐구 5등급이라는 좋지 않은 점수를 받았습니다. 공부의 기초가 부족한 것이 가장 큰 어려움이었습니다. 시험 때마다 실망하고 좌절도 했지만, 아버지께서 곁에서 변함없이 응원해 주셨습니다. 고1 여름방학 때 중학수학을 다시 공부하고 겨울방학에는 수학 10가·나를 복습했습니다. 영어는 인터넷 강의로 문법을 공부하고 혼자서는 쉬운 독해 책부터 시작했습니다. 자신의 의지로 공부했다는 뿌듯함과 새로운 것을 알아가는 즐거움은 새로운 공부에 도전하게 하는 힘이 되었습니다. 그 결과 1년 뒤 고2 3월 전국모의고사에서 백분위 99.48%, 전교 1등으로 학력평가 최우수상을 받았습니다. 다음 목표를 '고2, 고3 내신 전 과목 1등급'으로 높여 잡고, 모든 수업에 충실히 참여하고 수행 과제도 적극적으로 했습니다. 그 결과 한 과목을 제외하고 모두 1등급을 받았습니다."

J의 중3(예비고1) 겨울방학은 약간의 시행착오를 겪은 시기였습니다. 농네 영어 학원과 제 친구가 운영하는 수학 학원에 등록했는데, 그동안 공부한 것이 없으니 영어 학원은 맞는 수준이 없어서 두 달 만에 실패했고, 수학 학원에서는 실력이 되지 않아 제 친구인 원장이 가르치는 반에 들어가지도 못했습니다. J는 자기 나름대로 열심히 했지만 학원에서 돌아오면 "뭔지 하나도 모르겠다."는 말로 집안 분위기를 썰렁하게 해놓기 일쑤였지요. 사실 고1 3월 첫모의고사는 시험 범위가 중학 과정이라 겨울방학에 열심히 공부한다고 바로

좋은 성적이 나오긴 어렵지요.(수능과 내신 등급은 1등급에서 9등급까지 나뉘는데, 1등급은 반에서 1~2등, 2등급은 2~4등, 3등급은 5~9등, 4등급은 10~16등, 5등급은 17~24등 정도라고 보면 됩니다)

저는 실망하는 J에게 말했습니다.

"괜찮아, 넌 어차피 그동안 공부한 게 없었잖아. 네 머릿속은 하얀 백지야. 앞으로 공부하면 할수록 스펀지처럼 쭉쭉 빨아들일 거야, 걱정 마."

J는 영어 학원은 그만두겠다고 했습니다. 수준이 낮은 반임에도 불구하고 학원에서의 수준과 진도를 쫓아가는 것이 무리였던 것이지요. 다른 학원을 새로 찾아봐도 상황은 비슷할 것이라고 저도 판단했습니다. 문법은 인터넷 강의로 혼자 공부하고, 독해는 가장 쉬운 입문 편부터 1주 2회 2시간씩 제가 옆에서 도와주기로 했습니다. 처음에는 제가 미리 2시간 이상 예습을 해야 했습니다. J가 모르는 게 너무 많아서 질문도 많고, 그때 제가 모르면 선생으로서의 권위도 서지 않잖아요? 고2 1학기까지 3학기 정도를 했는데, 시간이 지날수록 저의 예습 시간이 조금씩 줄고 나중에는 해답집에 있는 해석을 보면서 맞는지 봐주는 정도만 하면 되었습니다. 나중에는 제가 도리어 배우는 꼴이 되었습니다. 저도 저녁 이후의 바깥 약속을 주 2회 이내로 줄이고, J와 정한 공부 시간은 무조

건 지켰죠. 부자지간의 좋은 대화 시간이기도 했습니다. 옆에서 지켜보니 J의 공부 약점도 파악이 되어서 고등학교 3년 동안 적절한 조언을 할 수도 있었구요.

고2 3월 전국모의고사에서 J가 처음으로 전교 1등을 했습니다. 초등학교부터 그때까지 반에서도 한번 해보지 못한 1등인데. 깜짝 놀랄 일이었습니다. 고1 1년 동안의 학습이 차곡차곡 쌓여 부족했던 기초 실력이 메워진 결과였습니다. 물론 쟁쟁한 학생들이 별로 없는 일반고라서 가능한 일이었고, 그 뒤로 내내 1등을 유지한 것도 아닙니다. 하지만 한 번의 성공 경험은 J에게 '나도 할 수 있다'는 긍정적 사고와 자신감을 깊이 심어 주었습니다.(여기서 잠깐, J의 머리는 그다지 좋은 편은 아닙니다. 중학교 때 학교에서 측정한 아이큐는 110정도. 지금은 좀 더 좋아졌을 거라고 저는 믿지만요)

무엇보다도 학년이 올라갈수록 J의 성적이 향상된 가장 큰 요인은 역시 엉덩이의 힘이었습니다. 책상 앞에 앉으면 네댓 시간을 화장실도 가지 않고 집중하곤 했으니까요. 물론 내내 공부만 한 것은 아닐 테지만.

언젠가 J가 공부 시간과 성적의 괴리 사이에서 공부를 접네 마네 한창 성질을 피우고 있기에 제가 훈계를 했습니다.

"언제까지고 아빠가 너를 돌봐줄 수는 없어. 대학까지 보내줄 수는 있지만, 그 뒤는 네가 알아서 해야 돼."

그 며칠 뒤에 J가 말하더군요.

"나 연세대 갈까? 이제 더 이상 키도 안 클 것 같고, 간지가 나려면 학벌이라도 있어야겠어."

제가 공부를 해야 하는 목표의식으로 '미래'를 제시했더니, J는 '간지'로 목표의식을 설정한 것입니다. 그동안은 힘들어 할 때마다 "공부를 잘해야 꼭 잘사는 건 아니야. 하지만 공부를 잘하면 나중에 선택의 폭이 훨씬 더 넓어져." 하면서 달래 왔었는데, 이제는 자기 스스로 목표의식을 정한 것입니다. 공부해야 하는 이유, 목표의식은 정말로 중요합니다. 목표의식이 없으면 공부를 꾸준히 하게 하는 힘도 없을 뿐만 아니라, 공부하는 도중에 생기는 시련과 좌절을 극복하는 힘도 없기 때문이지요. 어쨌든 J는 '간지'를 위해서 열심히 공부했습니다.

그러던 고2 1학기 어느 날, J가 하굣길에 서점에 들러 인생

최초로 자기 용돈으로 문제집을 사왔습니다. 그동안 매번 저에게 사다 달라고 했었는데 직접 사오다니, 그것도 자기 용돈으로! 드디어 J가 벼락을 맞은 것입니다, 공부 벼락을!

J, 중학 수학에서 길을 찾다

"경제(경영)학과에서 수학이 매우 중요하다고 생각해서 수학 공부를 열심히 하였습니다. 그러나 중학교 때까지 공부를 거의 하지 않아서 기초가 너무 부족했습니다. 기초부터 다시 해야 했습니다. 고1 여름방학 때 중학 과정을, 고1 겨울방학 때 고1 과정을 혼자서 다시 공부했습니다. 기본기를 쌓고 나니 자신감까지 붙게 되고 그 상태에서 심화 개념을 배우니 이해도 역시 몰라보게 좋아졌습니다. 수학 성적은 고1 1학기 3등급에서 고1 2학기 2등급으로 올랐고, 고2부터는 전체 2등, 1등, 1등으로 상위 1% 안에 들어 3학기 연속 성적 우수상을 받았습니다."

J는 수학 때문에 정말 고생을 많이 했습니다. 머리를 얼마나 쥐어뜯었으면 책상 위에 머리카락이 수북할 정도였지요. 모르는 것을 붙잡고 있으니 얼마나 답답했을까요? 공부 시

간의 70% 이상을 수학에 할애했지만, 성적이 쉽게 오르지 않았지요.

고1 1학기를 마칠 무렵 제 친구인 수학 학원 원장이 방향을 제시해 주었습니다. 중학수학을 몰라서 고1 수학도 못하는 것이니 중학수학부터 하라구요. J는 여름방학에 중학수학을 다시(아니 '처음') 공부했고, 겨울방학에는 고2 수학을 잘하기 위해서 고1 수학을 다시(정말로 '다시') 복습했습니다. 그 결과 늪에서 빠져나와 서서히 성적이 오르더니 한번 오른 성적은 떨어지지 않았습니다. 고2 이후에도 어려운 수학보다는 기본적인 수학을 꾸준히 했습니다. 예를 들면 정석 실력편이 아니라, 기본편이나 쎈수학을 보고 모의고사와 수능 기출 문제를 반복해서 풀고. 고3 때는 수학 학원도 다니지 않고 자기 혼자 힘으로 공부할 수 있었습니다. 물론 부족한 부분은 그때그때 인터넷 강의로 보충을 하면서요. 그리고 드디어 이번 수능에서 처음으로 수리영역 100점 만점을 맞았습니다. 그날의 흥분과 감격은 지금도 잊을 수가 없네요.

남들이 중학교 때까지 다른 과목은 안 하더라도 수학만은 꼭 시키라고 말할 때, 누구는 그러고 싶지 않느냐며 애가 말을 들어야지 하면서 웃고 말았는데, 수학 때문에 너무 많은 고생을 한 J를 옆에서 지켜본 저도 그 사람들과 똑같은 말을 하고 싶군요.

"수학은 단계별로 구성된 과목이라 앞의 한 부분이 빠지면 다음의 단계를 이해하기 힘듭니다. 뺀질뺀질 놀더라도 수학만은 공부하게 해보세요!"

무스펙 같은 스펙

　　　　　　　　　　J는 영어공인 성적이 없습니다. 봉사 활동은 50시간 정도인데, 주로 학교에서 단체로 한 것이었습니다. 교외 경시 수상 실적도 없습니다.

안 한 것이 아니라 못 한 것이지요. 중학교 때 해야 할 공부를 뒤로 미루니, 당연히 토플이나 텝스, 봉사 등은 우선순위에서 밀리고 고1 내내 뒤처신 영어, 수학을 쫓아갈 수밖에 없었지요. 다만 고2 들어 자신감을 얻고 나서 지원 학과를 경제, 경영 쪽으로 잠정 결정한 뒤에 고3 과목이었던 경제 과목을 미리 공부해 보고, 경제 관련 월간지와 경제 관련 도서를 조금 읽고, 한국은행 사이버 경제 교육 과정을 수료하고 경제 캠프에 참여하고 했습니다.

별거 아닌 것 같은 이러한 무스펙 같은 스펙도 입시에서 좋은 평가를 받을 수 있습니다. 무조건 화려한 스펙을 추구하는 것이 능사는 아닙니다. 자기의 약점을 파악하고 그것을 극복하기 위해 어떻게 노력해 왔는가, 진학 또는 진로 목표와 관련해 어떠한 노력을 얼마나 꾸준히 해 왔는가 하는 것이 특히 입학사정관제에서 중요한 평가 요소입니다.(물론 내신으로 대표되는 학업 능력을 높이기 위한 노력과 그 결과가 기본이겠지요)

아이마다 자신을 둘러싼 환경은 다양하겠지만, 자신이 놓인 상황에서 최선을 다하는 아이로 자라게 하는 것이 무엇보다 중요한 것 같습니다. 특히 책을 많이 읽기를 권하고 싶습니다. 독서를 통해 생각을 키우는 과정에서 공부에 대한 목표의식이나 최선을 다하는 태도 같은 것이 자연스레 생겨날 것 같습니다. J의 수험 생활에서 가장 아쉬웠던 부분입니다. 좀 더 어렸을 때 독서를 많이 했다면 좀 더 일찍 자기를 발견하고 어려움을 극복할 수 있지 않았을까 하구요.

또 기다린다……

이 글을 쓰는 지금은 아직 J가 입학하기 전입니다. J는 지금 무엇을 하고 있을까요? 네, 하루 10시간쯤 인터넷 게임을 하고 있습니다.

아내가 다시 부글부글 끓는 것 같습니다.

"친구들 좀 만나고 여행도 좀 가지, 너무 하는 거 아니야?"

제가 말했습니다.

"저렇게 좋아하는 게임을 3년 동안이나 끊었다고 생각해봐, 우리 같으면 그럴 수 있었겠어?"

"하기는……."

저희는 또 기다립니다. 지금이 가장 맘 편히 여행할 수 있을 때라는 것을, 그 시기에 그렇게 하지 못하고, 그래서 지금 아쉬워하는 우리 어른들은 압니다. 하지만 그때 그것을 모르는 청춘을 어떻게 하겠어요? 기다릴 수밖에요.

그래도 지금은 예전에 비하면 희망이 있습니다. J가 하루에 한 시간 정도는 수학 미적분을 공부합니다. 경제학과에 가면 수학을 계속 해야 한다면서요. 또 가끔 세계사 인터넷 강의도 듣습니다. 나중에 여행갈 때 도움이 될 수 있다면서요. 또『그들이 말하지 않는 23가지』라는 경제 관련 책도 읽고 있습니다. 이 정도로 발전했으면 된 거 아닌가요? J의 변화가 사랑스럽습니다. 하하하.

여러분의 자녀들에게 어서 공부 벼락이 내리기를…….
기다리면서 함께 있어 주세요.

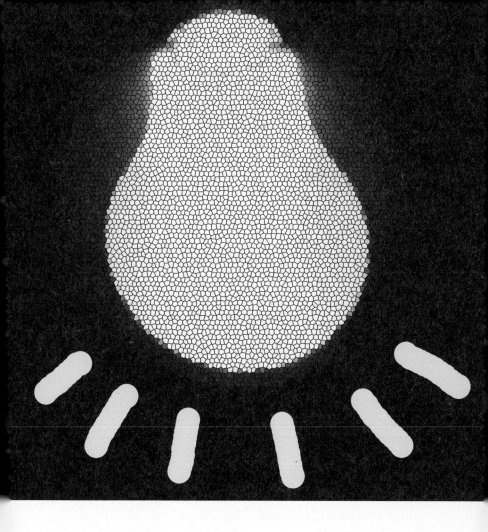

• 김준호 학창 시절에 공부를 잘했다. 대학 시절, 민주주의를 고민하다가 그 후 유증으로 취업 기회를 놓친 후, 우연한 기회에 출판사에 취직하여 지금껏 출판업계에서 일하고 있다. "공부 잘해서 좋은 대학 나와도 큰회사에도 못 갔으니, 공부 잘해도 소용없다."고 놀리는 J의 아빠다.

시대를 앞서 간
불운의 수학자
갈루아는
어떻게 이름을
남겼을까?

사람마다 어려움을 극복하고
한 걸음 내디딜 수 있는 이유는
다 다르다. 자신이 그렇게 할 수 있었던
이유를 아는 사람이야말로
어떤 어려움도 극복해내고
원하는 것을 이룰 수 있는
자격이 있다.

수학 잘하는 사람은 남다르다?

옆 자리에 앉아있는 친구가 수학을 잘하면 참 부럽다. 이 부러움은 학교를 졸업하고 나서도 끝나지 않는다. 더 이상 수학 공부를 하지 않아도 되는 시기가 와도 수리영역이 어려웠느니, 수리가 대입의 당락을 가르느니 하는 뉴스가 귀를 파고든다. 그리고는 곧 자녀의 수학 성적을 걱정해야 하는 시기도 온다.

노래를 잘하는 사람은 타고난다. 운동을 잘하는 사람도 타고난다. 수학을 잘하는 사람도 타고난다. 그러나 잠시 냉정하게 생각해 보자. 지금 원하는 것이 루치아노 파발로티처럼 감동을 주는 성악가가 되는 것인가. 아니면 비틀즈처럼 세계적으로 유명한 가수가 되길 바라는가. 박지성처럼 우리나라의 축구 역사를 새로 쓰는 선수가 되려는 것인가. 그리고 아르키메데스나 오일러만큼 수학을 잘하고 싶은 걸까.

그냥 잘해 보고 싶을 뿐이지 뉴턴이나 가우스만큼 잘하고 싶은 게 아니라면 우선 옆 자리의 친구를 보자. 옆 자리에 앉은, 수학을 잘하는 친구는 아르키메데스나 뉴턴이 아니다. 그저 우리 반, 우리 학교에서 수학을 좀 잘하는 것뿐이다. 만약 바라는 것이 그 정도라면 얼마든지 노력으로 가능하다! 그럼, 이제 수학을 잘하는 사람들의 특징을 하나씩 알아보자.

나와 다른 내 친구

우선 옆 자리의 친구가 수학 시간에 어떻게 하는지 살펴보자. 한 시간쯤은 수학 공부하기를 접어두고 그 친구를 지켜보자는 말이다. 축구를 잘하고 싶을 때 직접 공을 차며 연습하는 것은 매우 중요하다. 그렇지만 훌륭한 선수들의 경기를 주의 깊게 지켜보며 분석해보는 것도 연습만큼 중요한 일이다. 박지성이 어떻게 상대의 볼을 빼앗는지, 어떻게 상대 수비수를 헤집는지, 어디로 공을 찔러주는지 주의 깊게 보다 보면 직접 공을 차는 것 이상으로 축구에 대한 이해가 깊어진다. 수학 공부도 마찬가지이다. 선생님의 설명을 어떻게 듣고 있는지, 언제 메모를 하는지, 문제를 풀라고 주는 시간에는 어떻게 하는지 친구의 태도가 정답이 아닐 수도 있지만 내가 수업시간에 하는 것과 어떻게 다른지 비교해 보라. 친구는 선생님의 설명을 듣다가 내가 보기에는 아무 것도 아닌 것 같은 질문까지 하는 데 비해 나는 어느 틈에 딴 생각을 하고 있지는 않은가. 친구는 문제를 풀다가 막히면 선생님께 조언을 구하며 끝까지 계속 푸는데 나는 좀 풀다가 막히면 낙서를 하고 있지는 않은지. 그리고 그 친구는 수업이 끝난 후 얼마나, 어떻게 수학 공부를 하는지 살펴보고 물어보라.

기본은 수학 공부를 하며 보내는 시간이다. 하루에 수학 공부를 30분도 하지 않으면서 수학 실력이 늘기를 기대하는 것은 사기다. 아무리 뛰어난 천재라고 하더라도 에디슨의 말처럼 99%의 노력이 뒷받침해 주어야 그 재능을 꽃피울 수 있다. 내 옆 자리의 공부 잘하는 친구는 나보다 더 오래, 나보다 더 끈질기게 공부를 하고 있을 뿐이다. 그 정성에 대한 보답으로 수학 성적이 잘 나오고 있다는 사실은 무시한 채, 저 아이는 원래 수학 잘하는 아이라고 말하는 것은 진실을 앞에 두고 두 눈을 감는 것과 마찬가지이다. 그러나 내 옆 자리의 친구라고 아무 어려움 없이 수학 공부가 즐겁기만 할까? 직접 물어보라. 재능이 없다고 이게 나의 한계라고 실망하면서 책을 덮은 적도 있다고 대답할 터이다. 창문에서 뛰어내리고 싶을 정도로 절망스럽게 안 풀리는 문제도 있었다고 할 것이다. 그래도 하나하나 알아가는 재미를 놓지 못하고, 며칠째 고민하던 문제가 풀렸을 때의 그 커다란 기쁨을 잊지 못해 오늘도 책을 펼친다고 대답할 것이다.

어려움을 극복하고 이름을 남기다

옆 자리의 수학 잘하는 내 친구만 어려움을 겪는 것은 아니다. 인류의 역사에 이름을 남긴 유명한 수학자들도 어려움을 이겨낸 사람들이다.

갈루아는 1800년대에 프랑스에서 살았던 수학자이다. 아니, 그는 그가 살았던 21년 동안 제대로 수학자 대접을 받지 못했다. 열두 살에 루이르그랑이라는 기숙학교에 들어간 갈루아는 "이상한 공상만 하고 태만하다."는 평을 들을 정도로 산만한 학생이었다. 마치 감옥 같은 건물에서 군대보다 더 심한 규율을 지켜야했다. 학생들은 영양부족으로 몹시 말라 있고 교실바닥에는 쥐가 다녔다. 그 와중에 리샤르라는 교사가 그의 수학 재능을 알아본 것은 갈루아 인생의 최고 행운이었다고 말할 수 있다. 이때부터 갈루아는 수학에 대한 재능을 발휘하기 시작했다. 그러나 그는 당시 명문 대학이었던 에콜 폴리테크니크에 두 번이나 떨어졌다. 수학에 관한 한 자신만만하던 그가 두 번이나 떨어지면서 얼마나 좌절하였을까. 두 번째 입학시험은 아버지의 장례를 치룬 한 달 뒤였다. 그 시험에서 어떤 일이 일어났는지 확실하게 알지는 못한다. 다만 주로 머릿속으로 계산하고 최종 결과만 썼던 갈루아의 성향이 모든 과정을 자세히 보여 주기를 원하는 심사위원들에게 좋은 인상을 주지는 못했을 것으로 보인다. 특히 두 시험관 중의 한 명인 디네는 판에 박힌 답만을 고집스럽게 요구하는 수학자로 유명했다.(디네와 푸르시의 이름이 수학 역사에 남아있는 이유는 오직 한 가지, 역사상 최고의 천재였던 갈루아를 낙방시킨 잘못 때문이다!) 이 사건은 나중에 "뛰어난 지적 역량을 지닌 지망자를 열등한 능력의 심사관 때문에 잃었다."고 기록되었다.

갈루아는 할 수 없이 그보다 수준이 낮은 에콜 노르말에 입학하였지만 당시 프랑스를 휩쓸었던 혁명 운동에 참가, 교장을 비판하다 1년 만에 퇴학당하고 본격적으로 혁명 운동에 뛰어든다. 아마 이 정도의 고난에 굴복하고 역사에 이름을 남기지 못한 천재도 있었을 것이다. 이런 고난은 어떤 천재에게는 가난이라는 이름으로, 어떤 천재에게는 질병, 주위의 반대라는 이름으로 다가왔을 것이다. 우리가 그 이름을 모르는 것은 그의 천재성이 부족해서가 아니라 각자 자신에게 닥친 어려움에 굴복해서 스스로 포기했기 때문이다. 갈루아에게 닥친 불행은 이것이 끝이 아니었지만 다행히 그는 상상하기 어려울 만큼 힘든 과정을 넘어 우리에게 자신의 업적을 알렸다.

갈루아는 루이르그랑 학생이던 1829년, 처음으로 수학 논문을 써서 프랑스 과학원에 보냈다. 그러나 그의 논문은 빛을 보지 못하였다. 당시 심사위원인 코시(함수의 아버지라고 불린다)는 갈루아의 논문에 대해 보고를 하는 날 몸이 불편하다고 과학원에 나가지 않았다. 미뤘던 회의가 다시 열린 날, 그는 자신의 논문만 발표했을 뿐 갈루아의 논문에 대해서 일언반구도 하지 않았다. 18세가 되던 그 다음 해, 갈루아는 방정식 이론에 대한 논문을 제출하였다. 이번에는 심사를 맡은 푸리에가 집에 가져갔다가 그가 죽으면서 분실되었다. 한 번도 아니고 두 번이나 심사조차 받지 못한 억울함을 어떻게 견디었을까. 그래도 갈루아는 세 번째 논문을 또 보냈다. 세 번째 논문은 푸아송에게 넘어갔다. 드디어 분실되지 않고 제대로 심사받게 되었으나 푸아송은 그 논문을 '이해할 수 없는' 것이라고 판단하는 보고서를 제출했다.

당시 오차방정식 중에는 사칙연산과 근호만으로는 풀 수 없는 것이 있다는 사실이 아벨에 의해서 증명이 된 상태였다. 갈루아의 연구는 어떤 방정식이 사칙연산과 근호만으로 풀 수 있는지 그 기준에 대한 것이었다. 일차방정식, 이차방정식은 오래 전부터 쉽게 해결되었었다. 삼차, 사차방정식은 카르다노 등의 노력으로 근의 공식이 마련되었다. 그러나 오차방정식의 근의 공식을 만들려던 많은 수학자들의 노력은 성공하지 못하고 있었다. 이때 아벨이 오차방정식에 대해서는 사차방정식까지와는 다르게 근호를 이용해서 근의 공식을 만들 수 없다는 것을 밝힌 것이다.

그럼 어떤 오차방정식은 근호로 풀 수 있고 어떤 오차방정식은 근호로 풀 수 없을까? 예를 들어, $x^5-x^4-x+1=0$과 같은 오차방정식은 $(x^2+1)(x+1)(x-1)^2=0$으로 인수분해되어 사칙연산만으로 1, −1의 해를 구할 수 있다. $x^5-2=0$과 같은 오차방정식의 해는 근호를 이용하여 $x=\sqrt[5]{2}$ 와 같이 나타낼 수 있다. 그런데 $x^5-x+1=0$과 같은 오차방정식은 사칙연산이나 근호로 근을 구할 수 없다. 이 차이를 밝히는 연구를 갈루아가 내놓은 것이다. 그러나 대수학 역사에서 가장 획기적인 연구로 꼽히는 방정식의 근의 공식에 대한 연구를 받아들이기에는 너무 이른 시기였나보다. 시대를 너무나 앞서 간

갈루아의 연구는 인정받지 못했다. 학교에서도, 수학계에서
도 인정받지 못하던 갈루아는 왕정이 무너지고 공화국이 세
워지는 격동의 시대에 급진적인 공화주의자가 되었고, 투옥
과 석방을 거듭하면서 건강이 나빠져 요양원에 들어가게 된
다. 그리고는 거기서 사랑에 빠진 연인의 약혼자와 결투를
하게 된다. 결투에서 죽을 것이 뻔하다는 것을 아는 갈루아
는 밤새워 친구에게 자신의 연구를 정리한 편지를 쓴다. 이
편지에서 군 이론이라는 수학의 한 분야를 만들어낸 업적이
전해져 갈루아의 이름도 수학사에 영원히 남게 되었다. 그날
밤, 자신의 논문을 다듬으며 마지막 수정을 하다 달아놓은
주석 중의 한 문장은 이 불운한 수학 천재를 아끼는 많은 사
람들의 마음을 안타깝게 한다.

"내게는 시간이 없다."

갈루아를 보면 그가 아무리 수학 천재라 하더라도 후대에
이름을 남기지 못할 뻔한 이유가 너무 많다. 오늘날이라면
삼수생이 될 뻔한 사건, 어렵게 들어간 대학에서는 퇴학당하
고 정치의 소용돌이에 뛰어들게 된 일, 왕정을 반대하는 공
화주의자로 프랑스 혁명에 앞장서다 두 번이나 투옥된 일,
과학원에 보낸 논문이 두 번이나 분실되고 세 번째 논문은
이해할 수 없는 논문이라는 혹평을 들은 일, 콜레라에 걸려

요양원에 머물던 일. 이런 정도라면 좌절하고 세상을 원망하며 자포자기하기에 결코 모자라지 않을 것이다.

그럼에도 불구하고 갈루아가 포기하지 않고 연구를 계속해나갔던 힘은 어디에서 왔을까? 그것이 궁금하면 가만히 눈을 감고 내가 가장 어려웠던 시기는 언제였나, 그 시기를 어떻게 헤쳐 나왔나를 되돌아보자. 사람마다 어려움을 극복하고 한 걸음 내디딜 수 있는 이유는 다 다르다. 자신이 그렇게 할 수 있었던 이유를 아는 사람이야말로 어떤 어려움도 극복해내고 원하는 것을 이룰 수 있는 자격이 있다.

몰입의 경지

헝가리 출신의 수학자인 폴 에어디쉬는 결혼도 하지 않고 집도 없이 평생 공동 연구자들의 집을 떠돌며 수학만 연구한 사람으로 유명하다. 그는 오일러 이후 논문을 가장 많이 쓴 수학자로 꼽히는데, 1996년 삶을 마칠 때까지 1,500여 편의 논문을 썼다. 17세부터 썼다고 가정하면 66년 동안 한 해 평균 23편, 즉 한 달에 두 편 가량의 논문을 쓴 셈이니 그가 얼마나 수학에 미쳐서 살았는지

짐작할 수 있다. 그의 인생을 다룬 책의 제목이 "우리 수학자 모두는 약간 미친 겁니다."라는 데에서 엿볼 수 있듯이.

그는 잠자는 시간을 제외하고는 거의 수학을 하며 살았다고 해도 과언이 아니다. 그와 함께 연구하고 싶어 하는 수학자들이 그를 초청하면 두어 주 또는 몇 달씩 그 집에 머물며 공동 연구를 했다. 그가 얼마나 수학에 미쳐 살았는지는 그가 남의 집에 머물 때의 이야기를 들어보면 알 수 있다. 어느 수학자의 집에 머물 때의 일이다. 밤늦게까지 수학에 대한 토론을 하다가 잠깐 자고 다시 새벽에 방문을 두드려 깨운다. 졸린 눈으로 문을 연 상대방을 향해서 그는 반갑게 "n을 정수라고 하고, k를 소수라 할 때……" 하고 바로 수학 이야기로 하루를 시작했다고 한다. 또, 어느 크리스마스 날에는 동료 수학자의 집에 찾아가 문을 두드렸다. 문이 열리자 "메리 크리스마스. $f(x)$를 연속함수라 가정하고……"라고 했다고도 한다. 에어디쉬가 특별한 사람임에는 틀림없지만 그가 오일러 이후 가장 많은 논문을 남긴 수학자가 될 수 있었던 것은 바로 이렇게 수학에 몰입해서 살았기 때문일 것이다.

나는 얼마나 수학에 집중하는지 되돌아보자. 수학 공부를 한다고 하면서 두어 줄 읽어 내려가기도 전에 벌써 다른 생각을 하고 있지는 않은지. 문제를 풀다가 막히면 1, 2분도 지나지 않아 해답지를 들추고 있지는 않은지. 수학자들이 해결하는 문제는 답이 없다. 정말로 없다는 것이 아니라 누군가 미리 만들어 놓은 해답지가 없다는 뜻이다. 해답지만 없는 것이 아니라 사실은 문제도 없다. 수학자들은 스스로 문제를 만들고 그 문제에 대한 답을 찾는다. 칸토르가 집합이라는 개념을 만들어 냈을 때 누가 집합이 무엇이냐고 문제를 내지는 않았다. 무한과 유한에 대해서 연구하다가 무한을 다루는 방법으로 집합이라는 개념을 만들어 내고 그에 따르는 여러 가지 정리들도 만들고 증명하였을 뿐이다. 유클리드가 소수가 무한하다는 사실을 증명할 때도 마찬가지이다. 누가 소수는 모두 몇 개냐고 물어봐 주지 않았다. 자연수의 성질에 대해서 연구하다가 약수가 1과 자기 자신밖에 없는 수라는 개념을 생각해 내었고 거기에 소수라는 이름을 붙였다. 그리고 소수에 대해서 연구하다가 무한개라는 것을 증명하게 되었고 모든 자연수는 유일한 방법으로 소인수분해가 된다는 사실까지 증명하게 되었다.

다행히도 우리가 푸는 수학책에는 해답지가 딸려 있다. 그러나 해답지는 마치 프롬프터 같은 것이다. 프롬프터는 앵커가 뉴스를 진행할 때 카메라 앞쪽에 띄우는 화면이다. 앵커들은 대본을 외우지 못해도 프롬프터를 보며 마치 시청자를 보고 말하듯이 연출한다. 학생들이 시험을 보는 것을 프롬프터가 고장 난 상황의 앵커에 비유할 수 있지 않을까. 자, 여러분이 앵커인데 생방송 중에 프롬프터가 언제 고장 날지 모르는 상황이라고 하자. 잠시 후 뉴스를 진행해야 한다면 프롬프터만 믿고 있을 것인가, 아니면 뉴스 하나하나에 대해 자료를 파악하고 대본을 머릿속에 잘 넣어놓는 등 준비를 철저히 할 것인가. 해답지는 오로지 참고자료일 뿐이다. 수학을 잘하려면 안 풀리는 문제는 풀고 또 푸는 끈기가 필요하다. 그렇게 집중해서 하다보면 자기도 모르게 머리 속에 생각이 떠오르고 해답지가 만들어진다.

협력이 관건

에어디쉬가 새벽부터 또는 아무 때나 남의 집 문을 두드려 문이 열리자마자 바로 수학 이야기를 하며 살 수 있었던 것은 사실 그렇게 할 수 있는 동료 수학자들이 있었기 때문이다. 문을 연 수학자마다 밥부터 먹고 하자 또는 이따가 오라고 했다면 에어디쉬라고 별 수 있었을까. 그러나 수학자들은 에어디쉬와 토론하는 것을 즐겼으며 사실 많은 수학자들이 에어디쉬와 이야기하다 막힌 부분이 뚫려 문제가 해결되는 경험을 하곤 했다.

에어디쉬는 논문을 많이 남겼지만 더 놀라운 건 단독으로 쓴 것이 거의 없다는 점이다. 항상 공동연구자가 있었고 여기서 에어디쉬 지수라는 말이 유래했다. 에어디쉬와 함께 논문을 쓴 수학자를 지수 1로 놓고, 지수 1인 수학자와 공동으로 논문을 쓴 수학자는 지수 2로 한다. 다시 지수 2의 수학자와 공동으로 논문을 쓴 수학자의 지수는 3. 이런 식으로 수학자들의 지수를 매겨보면 지수 6을 넘어서기 전에 이 세상 모든 수학자가 거명된다고 한다. 세상이 좁다는 말도 되지만 그만큼 수학자들은 공동 연구를 많이 한다는 사실을 알려준다.

교과서를 읽다 보면 유명한 수학자들이 꽤 여러 명 등장한다. 데카르트는 좌표평면을 만들었고 디오판토스는 방정식에 대한 업적을 남겼고 피타고라스는 피타고라스의 정리를 남겼다. 수학자들마다 독자적으로 업적을 남긴 듯이 쓰여 있지만 사실 그 수학자들은 모두 다른 수학자들과 긴밀한 관계를 가지면서 연구하였다. 확률을 처음 발견한 파스칼도 판돈 재분배 문제를 연구하면서 페르마와 편지를 주고받았다. 이 편지 속에서 확률 이론을 정립해 나갔다. 지금은 수학자들이 이메일도 주고받고 직접 만나기도 하면서 공동 연구를 하지만 교통이 지금처럼 발달하기 전에는 대부분 자신이 연구하는 내용을 편지에 써서 서로 의견을 주고받으며 공동 연구를 하였다. 수학도 백짓장만큼이나 협력이 필요한 분야이다.

혼자서 공부하지 말고 내가 아는 것은 친구에게 가르쳐 주고 내가 모르는 것은 친구로부터 배워 보자. 다 안다고 생각했지만 막상 친구에게 설명해주다 보면 완전히 알지 못하고 있었다는 사실을 깨달을 때가 있다. 그래서 친구와 토론하다 보면 안개가 개이듯 모호했던 부분이 명료해지는 경험을 하게 된다. 가장 좋은 공부 방법은 다른 사람에게 설명해 주는 것이라는 사실은 이미 몇 천 년을 내려오면서 확인된 것이다. 수학자들이 토론하면서 해결할 문제를 찾고, 공동으로 연구하면서 그 문제를 해결하며 살아왔듯이 공부하는 시간의 일부를 뚝 떼어 친구와 토론하는 시간으로 써보자. 어렴풋이 알고 있던 것들이 고화질 영상처럼 선명하게 정리될 것이다.

• 남호영 서울대학교 사범대학 수학교육과를 졸업하고 인하대학교에서 이학석사와 박사학위를 받았다. 현재 고등학교 수학교사로 일하고 있으며, 저서로는 제7차 교육과정 수학 교과서(디딤돌)와 『영재 교육을 위한 창의력 수학』 등이 있다.

초등학교만 졸업한
하림이는
어떻게 남들보다 2년
먼저 대학에
갔을까?

정보력보다 우선해야 하는 것이
부모 스스로의 교육관을 정립하는 것이다.
각종 입시 정보를 위해 간담회에 참석하는 것보다
도서관을 먼저 가야 한다.
아이를 어떻게 키워야 하는지,
왜 공부시켜야 하는지 생각해 봐야 한다.
뿌리 깊은 나무가 바람에 쓰러지지 않는
법이다.

부모들에게도 수학은 공포

"수학을 잘하려면 어떻게 해야 하죠?"

"책은 잘 읽습니까?"

"……"

학부모와 간단한 인사치례를 제외하면 항상 주고 받는 첫 마디이다. 그리고 대부분은 '그게 무슨 상관이람.' 하는 의아한 반응이다.

부모님들의 머리 속에는 '우리 아이가 어떻게 하면 수학 공식을 잘 외우고, 집중력 있게 공부하며 다른 아이보다 더 빠른 진도를 나갈 수 있는지' 로 꽉 차 있다.

항상 좋은 결과가 나오게 하는 지름길, 다른 아이보다 한 발, 또는 두 발 빠른 길, 그 길을 가장 효율적으로 갈 수 있는 방법, 그래서 승자가 되어 안정적으로 사회에 진출하는 것,

이러한 총체적 고민이 "수학을 잘하려면 어떻게 해야 하죠?"라는 질문에 다 담겨 있다.

나 또한 아이를 키우는 입장에서 부모님들의 그러한 마음을 충분히 이해한다. 아무런 준비 없이 예능 프로그램 '무한도전'식으로, 과정의 치열함이라는 진한 여운보다는 실패라는 결과의 참담함을 맛보아야 할 주체가 자기 자식이라면 그건 여간 끔찍한 일이 아닐 수 없다. 노력이라는 과정이 의미 있다 한들, 그 결과가 실패로 귀결되면 패자부활전의 기회가 별로 없다는 것을 아는 부모님들은 자녀들이 '하류 인생'으로 전락하지나 않을까 전전긍긍한다.

엄친딸의 아빠가 되다

"선생님, 축하드려요. 어쩜 그렇게 공부를 잘해요. 그것도 2년이나 일찍 합격을 했으니……"

이른바 '엄친딸'(엄마 친구 딸)의 아빠로 등극하는 순간이다. 2010년 초 큰 아이 하림이가 고1 나이에 서울교대에 합격했다.

하림이에게 처음으로 수학을 가르친 건 초등학교 6학년 11

월 쯤으로 기억한다. 그 전까지 시험 공부 한 번 시킨 적 없고, 공부하라고 닦달한 적도 없었다. 공부를 가르치는 학원을 한번도 보낸 적이 없다. 보낸 곳이라곤 오직 피아노 학원뿐이었다. 초등학교 때는 스트레스 안 받고 열심히 노는 것이 결국은 이기는 것이라는 신념도 있었고, 어린 나이에 공부에 대한 부담을 주기 싫었다. 또한 이 시기가 하림이에게는 인생의 큰 전환점이었는데, 중학교 진학을 포기하고 홈스쿨링을 결정한 때였다.

수업은 주 2회, 개념 이해 학습 1시간, 자기 주도 학습 3시간 가량이었다. 수업의 시작은 항상 개념 읽기였다. 소리 내서 읽게 하고, 천천히 정독을 하면서 읽게 했다.

중학교 1학년 첫 단원인 집합은 아이들에게 아주 생소한 단원이다. 무엇보다도 용어와 기호가 많이 나오기 때문이다. 기호에 친숙하지 않으면 '기호'로 이루어진 수학 용어 대부분에 두려움을 느낄 수밖에 없다. 개념을 읽은 후엔 질문을 통해 자기의 언어로 대답하게 했고, 부족한 부분은 설명을 해주었다. 개념 이해 문제까지 푸는 데는 1시간이면 충분했다. 연습 문제 등 나머지 문제는 혼자서 해결하도록 하였고, 아이들이 질릴 만한 문제는 통과하게 했다. 문제집마다 고난이도 문제가 있는데, 꼭 풀어야 하는 문제가 있고, 출판사의 권위(?)를 위해 수록된 상위 학년의 문제가 있다. 전자의 경우는 어려움이 있다하더라도 몇 번이고 풀게 했고, 후자는 무조건 통과였다.

다행히 하림이가 수업을 두려움없이 잘 받아들여 생각보다 빨리 진도가 나갔다. 같이 수업한지 8개월이 지날 쯤(중학교에 입학했으면 1학년 7월 정도) 중학교 진도가 마무리되었다.

"아빠, 중학교 문제 한 번 더 풀면 안 돼?"

고1 수학을 시작한 지 얼마 되지 않아 하림이가 나에게 물었다.

"그래? 한 번 더 풀고 싶어?"

그래서 고 1 진도 수업은 그만두고 중학교 전 과정을 다시한 번 볼 수 있게 여유를 주었다. 스스로 중학교 과정을 완진히 이해하지 않았다는 판단을 한 것 같다. 이해되지 않은 문제 몇 개를 제외하고는 하림이 혼자서 해결했다.

2개월 후, 본격적으로 고등학교 진도를 나갔고, 수업 방식은 동일했다. 중학교 수학을 나름 완벽하게 이해했다는 자신감 때문인지, 진도도 수월하게 나갔다. 교재는 개념 설명이 충분히 되어있는 책으로 선정했고, 항상 자기의 언어로 대답하게 했고, 나를 가르쳐 보라고 했다. 그 다음해 11월 경(중학교 2학년 11월) 인문계 수학 진도가 모두 끝났다. 아니, 나랑 하는 2년 동안의 수학 대장정이 모두 끝난 것이다. 그리고 개념서, 문제집을 혼자서 열심히 풀었다. 내가 한 일이라곤 모의고사 기출 문제, 수능 기출 문제를 하림이에게 주고, 어려운 문제를 같이 연구하는 것뿐이었다.

중졸, 고졸(대입) 검정고시를 마친 후, 대입 종합반에 등록했다.(중학교 3학년 6월) 하림이는 관리 위주의 대형 학원보다는 인간미(?) 넘치는 작은 학원을 원했고, 대부분 하림이의 의견을 존중했다. 이후의 생활은 나는 전혀 관여하지 않았고, 하림이 엄마가 총괄했다.

대입 종합반 생활을 하면서는 어린 나이로 인한 사고력의 한계, 정규 과정을 이수하지 않아 겪는 이해의 어려움 등으로 수학을 제외한 다른 과목의 어려움은 상당했을 것이다. 수리영역을 제외한 언어, 외국어, 사회탐구 영역 중 영어만 과외를 받았지 나머지는 그야말로 백지 상태였다. 지금도 하림이는 7-2-7-7을 말한다. 대입 종합반 수업 이후 처음 치른 전국모의고사의 과목별 등급이다. 그러나 나는 이러한 어려움을 하림이가 묵묵히 이겨낼 것이라고 확신했다. '시간이 해결해 줄 것'이라는 막연한 믿음이 아니라, 하림이의 수업을 대하는 태도, 그리고 공부 방식을 믿었다.

다음해(고등학교 1학년) 6월 모의고사를 기점으로 수학은 항상 1등급, 전국 2% 안에 안정적으로 유지되었고, 다른 과목도 가파른 상승곡선을 그리기 시작했다. 선생님들이 가르쳐준 방식대로, 선생님이 하라는 대로 하림이는 묵묵히 실천했던 것이다. 그리고 그해 연말 하림이가 원했던 서울교대에 합격했다.

하림이의 합격 이유

곰곰이 생각해 보면, 하림이가 어린 나이에 합격을 할 수 있었던 것은 몇 가지 요인이 있었다.

첫째는 초등학교 서학년 때부터 책을 많이 읽었다는 것이다. 많은 양의 책을 읽기도 했지만 같은 책을 두세 번 반복해서 읽었다. 반복해서 읽으면 내용에 대한 이해의 폭이 깊어질 수밖에 없다. 한번에 모든 것을 완벽하게 이해하기보다는 두세 번 반복을 통해서 전체 맥락을 잡으니, 내용 이해가 쉬워진 것이다. 이를 통해서 문제의 이해력과 추론 능력이 향상됨은 물론이고 이렇게 책을 읽는 방법이 공부를 하는 방법으로 자연스럽게 넘어간 것이다.

초등부, 중1 학부모님에게 책읽기의 중요성을 많이 이야기해 주는데, 대충 읽고 페이지만 넘기는 식의 책읽기는 전혀 도움이 되지 않는다. 대충 읽는 아이에게는 중요한 부분, 이해 안 되는 부분을 줄긋기 하는 습관을 들이는 것도 괜찮다. 또 읽기 싫어하는 아이는 소리 내서 읽게 하는 것도 방법이다. 소리 내서 읽다 보면 반드시 재미가 찾아온다. 물론 교과서를 읽혀도 괜찮다. 다만 시간을 두고 반드시 반복해서 읽도록 해야 한다.

둘째는 초등학교때 열심히 놀린 덕분으로 공부 스트레스가 적었다는 것이다. 본격적인 공부를 시작할 때도 공부 시간과 휴식 시간을 구분하게 했다. 공부 시간도 4시간 5시간 하라는 식보다는 공부할 양을 정해 주는 것이 좋다. 공부할 양을 다 소화하면 휴식 시간을 충분히 주면 된다. 휴식 시간은 일절 관여하지 않았다. 책을 읽든, TV를 보든, 인터넷 검색을 하든 신경 쓰지 않았다.(나중에 안 일이지만 하림이의 인터넷 사용 시간은 다른 아이에 비해 3, 4배 많았다.)

아이들이 학원을 다니는 이유는 '놀 친구가 없어서', '공부를 해야 하니까' 라기보다 부모님이 보내니까 다닌다. 놀고 싶지만 마지못해 다닌다는 뜻도 되지만 한번 돌려서 생각하면 부모님이 학원 다니는 것을 원하니까 가정의 평화를 위해, 부모님께 효도하기 위해서 다니는 것이다. 아이들이 '효도'를 하는 행위로 보다 많은 스트레스를 받고 있음을 부모님들은 알아야 한다. 그리고 스스로 역지사지(易地思之)할 필요가 있다. 부모님 세대는 2,3년 바짝 공부해서 대학을 갔다면, 요즘 아이들은 10년 이상을 공부에 매달려야 한다. 과거에 경험한 2,3년 동안의 스트레스와 10년 이상 받아야 할 아이들의 공부 스트레스를 같다고 생각해서는 안된다.

친구들을 만나면 "70%는 하림이 노력, 20%는 하림 엄마 전략, 2%는 수학을 가르쳤던 나, 8%는 동생 하경이 덕이다."라고 농담처럼 이야기한다. 물론 농담이 아니다. 하경이의 역할도 큰데, 하경이는 하림이의 스트레스 해소 통로가 되어 주었다. 하림이의 짜증을 때로는 몸으로, 침대 레슬링 파트너로서 역할을 했다. 이처럼 아이들의 스트레스 해소를 위한 통로가 중요한 역할을 하는데, 산을 좋아하면 정기적으로 등산을, 운동을 좋아하면 일정 시간 운동을 해야 한다. 자기가 하고 싶은 일을 병행하여 맑은 정신과 육체의 재충전이 필요하다는 것이다. 이것도 저것도 하기 싫으면 공부 시간과 휴식 시간만이라도 반드시 구분해야 한다.

셋째는 '공부 스트레스를 줄이는 것은 집중해서 공부하는 것'이라는 깨달음이다. 집중해서 공부를 열심히 하는 데서 오는 스트레스보다 공부에 집중하지 않는 데서, 책상에 앉아 있으나 공부를 하지 않는 데서 오는 스트레스가 훨씬 크다. 공부에 집중했는지, 안했는지는 아이들 스스로가 더 잘 안다. 공부에 집중하면 그에 따른 성과가 나타나기에 정신적 스트레스를 덜 받는다. 집중하지 않으면 '내가 왜 이러지' 라는 자책감이 스트레스로 나타날 수밖에 없다. 이럴 때 부모님의 잔소리(?)라는 기폭제가 첨가되면 99% 폭발하게 되어 있다.

하림이의 말을 그대로 옮긴다면 "더 (내년에도) 공부하기 싫어서 점심시간에도 열심히 공부했다"고 한다. 이러한 마음가짐이 있을 때 공부에 집중할 수 있고, 스트레스를 줄일 수 있는 것이다. '피할 수 없으면 즐겨라.' 라는 말이 있다. 공부를 즐길 수는 없겠지만, 적어도 긍정적 마음가짐은 가져야 한다는 얘기일 것이다. 피하지는 말아야 한다. 피하면 피할수록 스트레스는 더 쌓인다.

넷째는 책읽기를 통해 공부 방법을 자연스럽게 습득한 것이다. 앞에서도 얘기했지만 두세 번 읽으면서 내용 이해의 폭을 넓혔다는 것이다. 이것이 교육 전문가들이 이야기하는 개념 이해 학습 - 자기주도학습 과정이다. 개념 이해라는 1차 학습을 자기 것으로 만들고 소화하는 2차 학습, 즉 자기주도학습에 충실한 것이다.

개념의 이해는 독학으로 깨닫기가 어렵기 때문에 도움을 줄 수 있는 학원을 잘 선택하는 것도 좋은 방법이다. 그러나 2차 학습은 말 그대로 자기 것으로 만드는 과정이기 때문에 95%는 자기주도학습이 될 수밖에 없다. 학원을 많이 다닌다고 해서 좋은 것이 아니라는 것이다. 계속 먹는다고 좋은 것이 아니고, 먹은 것을 소화할 수 있는 자기만의 시간이 절대적으로 필요하다는 것이다.

"설명들을 땐, 분명 이해했었는데, 다시 풀려고 하니 그 내용을 배웠다는 기억만 나요."

이렇게 하소연 하는 아이들이 많다. 그리고 자기의 머리가 나빠서 그렇다고 자책한다. 이런 아이들은 둘 중 하나다. 복습을 안했던지, 부모님에 의해 학원 뺑뺑이를 돌았던지…….

독일의 심리학자 에빙 하우스는 '최초 학습 후 9시간까지 망각이 빠르게 진행된다.'고 주장한다. 따뜻한 밥은 식기 전에 먹어야 하듯이, 수업 내용을 자기 것으로 만드는 것도 머리가 식기 전에 해야 한다.

마지막으로 하림 엄마의 교육 방침이다. 하림이의 생활 원칙은 '공부는 집중해서, 휴식은 마음대로, 잠은 충분하게, 대화는 성실히'였다. 대입 종합반에 등록한 이후 아침 8시부터 밤 11시까지는 학원에서 생활한다. 11시에 귀가하면 책을 보든, 인터넷 검색을 하든 자유롭게 휴식을 취하게 했고, 잠은 12시부터 충분히 자도록 했다. 하림 엄마는 하림이가 갖고 있는 능력을 제대로 발휘할 수 있게 대화를 통해 정서적 안정과 생활 문제의 조력자 역할을 훌륭히 해냈다. 훌륭한 부모는 얼마나 많은 입시 정보와 강사 정보를 갖고 있느냐에 달려 있다고 한다. 입시를 코앞에 두고 있는 고2, 3학년 학부모는 그럴 수도 있을 것이다. 그러나 이제는 코흘리개 유치원 부모들까지 이 대열에 동참하고 있다. 자신의 정보력 부재로 아이가 불이익을 당하지 않을까 하는 불안감 때문이다. 그러나 정보력보다 우선해야 하는 것이 부모 스스로의 교육관을 정립하는 것이다. 각종 입시 정보를 위해 간담회에 참석하는 것보다 도서관을 먼저 가야 한다. 아이를 어떻게 키워야 하는지, 왜 공부시켜야 하는지 생각해 봐야 한다. 뿌리 깊은 나무가 바람에 쓰러지지 않는 법이다.

"우리나라 청소년이 가장 많이 가입한 클럽은 무엇일까요?"

수업 중에 던진 우스개 질문이다. 거의 대부분은 카시오페아(동방신기 팬클럽), S♡NE(소녀시대 팬클럽), VIP(빅뱅 팬클럽) 등 여기저기서 자기가 좋아하는 가수 팬클럽의 이름이 쏟아져 나온다.

"모두 땡, 정답은 수포 클럽입니다. 수포 클럽…… 수학 포기 클럽입니다."

아이들은 어이없는 듯 웃지만, 웃는 게 웃는 게 아니다. 그리고 생각한다. 자기도 수포 클럽의 회원인지, 아닌지를……. 우리나라 청소년(중고생)의 80%가 가입했다는 수포 클럽. 거의 대부분의 부모님들도 가입했었고, 지금도 가입 후보생들이 초등학교 도처에 존재하고 있다.

야구 선수는 하루 일과를 투구 연습, 타격 연습으로 시작하지 않는다. 축구 선수 역시 하루 일과를 드리볼 연습, 슈팅 연습으로 시작하지 않는다. 모든 운동선수들의 하루 일과는 달리기로부터 시작한다. 기초 훈련이 중요하기 때문이다. 그리고 본 훈련은 반복에 반복을 거듭한다.

수학의 기초 훈련은 개념 이해 학습인데, 이 출발점이 교과서 읽기다. 내용부터 읽지 말고 제목 – 단원 목표 – 소제목을 먼저 읽되 느긋하게 집중해서 읽어야 한다. 그리고 반복하면 된다. 수업 전에 먼저 읽는 것이 좋다. 그러면 수업 시간에 선생님의 설명으로 모르는 부분, 이해되지 않는 부분을 해결할 수 있다. 이것이 수포클럽에서 벗어날 수 있는 출발이다.

논어의 첫 시작은 '학이시습지 불역열호(學而時習之 不亦說乎)'라는, 누구나 다 아는 유명한 문장이다. '배우고 때때로 그것을 익히면 기쁘지 아니한가.'로 일반적으로 해석한다. 그러나 여기에 약간의 의미를 덧붙여서 '배우고 이해해서[學] 그것이 실천[習]을 통해 완전히 자기 것이 되었을 때 기쁘지 아니한가'로 해석해 본다.

대스승이신 공자의 말씀에 어찌 수학이라고 예외가 있겠는가?

• 서양원 성균관대학교를 졸업했고, 수학에 관심이 많아 졸업 후 중고등학생에게 수학을 줄곧 가르쳐왔다. 현재 경기도 고양에서 블루스카이라는 수학공부방을 운영하고 있으며, 홈스쿨링으로 큰딸을 2년 빠르게 대학에 보내 화제가 된 하림이의 아빠다.

수학에 흥미를 느끼지 못하던 만호는 어떻게 카이스트에 갔을까?

어렸을 때 자동차만 지나가면 네 자리
번호판을 '외웠던 것, 중학교 때
경시반 친구들과 원주율 π 의 소수점
100자리까지 외우기를 했던 것이 얼핏 기억난다.
숫자와의 놀이를 좋아하고 스스로
재미를 만들어 내려고 했었던
나의 모습에 '피식' 하는 웃음이 나오기도 하지만
지금의 내가 있기까지의 여러 과정 중에서 첫 단계
였음이 분명하다.

13살 지겨운 수학

방황하던 13살 그 때, 사실 방황이라고 말하기도 너무나 어렸던 13살…….

10여 년 전으로 잠시 돌아가 그때의 이야기를 해 보고자 한다. 그 당시 나는 수학 익힘책에 반복되어 나오는 문제들을 푸는 데에 진절머리가 나 있었다. 문제를 왜 풀어야 하는지도 잘 모르겠고, 문제를 풀어서 답이 나와도 '좋았어! 답은 29 너로 정했어!'에서 느껴지는 기분은 카타르시스라고 말하기에는 참…… 묘한 부분이 없지 않았다. 밖에서 친구들과 한창 뛰어 놀아야 할 초등학교 13살, 재미도 감동도 없는 숙제를 할 때, 나는 말 그대로 문제 푸는 기계였다. 왜 의자에 앉아서 문제를 풀고 있어야 하는지 잘 모른 채, 아니 몰랐기 때문이었을까, 나는 어떻게 하면 교묘하게 꼼수를 써서 문제를 더 빨리 풀 수 있는지에 대해 고민했던 시간이 더 많았던 것 같다.

지금 와서 생각해 보니 내가 그랬던 것도 내 나름의 이유가 있었던 것 같다. 문제에는 이미 정해진 답이 있었다. 나름 자존심이 강해 누구에게 지기 싫어했던 나는 문제집의 전형적인 풀이와 답들을 보면서 '결국엔 누군가 이미 풀어 놓은 걸 내가 따라 푸는구나……' 라며 실망했던 기억이 난다.

안 그래도 숫자들만 보면 지겨움이 끓어오르면서 머리가 아파왔는데, 그나마 시간 들여 열심히 풀었던 것들도 이미 누군가 어렵지 않게 풀어놓은 것들이었다. 그렇게 수학은 '보기보다 재미와 감동이 덜한 과목'의 이미지로 남았었다.

광활한 수학의 바다

내겐 반복적이고 기계적인 그리고 따분한 일상 중에 하나였던 수학에 대해, 우연치 않게 학원이라는 곳에서 새로운 면을 보게 된다.

6학년 때 2학기였을 것이다. 학원에 들어갔다. 기억은 잘 안 나지만, 부모님께서 중학교를 준비하는 차원에서 나를 거의 반 강제적으로 학원에 등록시켰었다. 나는 선행 학습을 하면서 시험도 치고 학교에서와 마찬가지로 기계적인 학원 생활을 하고 있었다. 그때는 수학 문제를 풀 때, 다른 생각보다는 중학교 갈 거니까 지금 잘 해 놓아야 한다는 생각뿐이었다. 뒤돌아보니 나만 그런 것이 아니라 친구들이 대부분 그랬다. 정해진 길을 한걸음, 한걸음 그저 따라갈 뿐이었다. 내가 이걸 하면 어디에 도움이 되는지, 내가 진정으로 하고 싶은 것은 무엇인지도 모른 채 학교에서 시키는 대로 배우는 이유조차 모르고 그냥 따라가는 것이었다.

이런 이유로 처음에는 학원에서도 예전처럼 수학에 별다른 매력을 느끼지 못했다. 그러다 우연한 계기에 광활한 수학의 바다를 체험하게 된다. 답이 정해진 문제를 푸는 지겨움을 느끼던 내 앞에 '경시수학'이라는(그때 당시 나에겐 꽤나 새롭게 느껴졌던) 새로운 수학이 나타난 것이다. 쉬는 시간에 친구들과 놀기 바빴던 내가, 칠판에 여러 도형들, 수식들이 있는 어떤 반에 우연치 않게 들어가게 되었고, 난생 처음 보는 식들과 논리 전개를 보게 되었다. 그 반 학생에게 "여기서는 무엇을 배우냐?"고 물었더니 "수학을 배우는 반"이라고 했다. 그래서 "이런 수학은 중학교 때 배우는 것이냐?"고 물었다. 그랬더니 그 친구는 "이건 조금 어려운 수학인데, 딱히 이름을 붙이자면 경시수학이라고 한다."고 다시 말해 줬다. 그 친구는 이어서 "딱히 중학교 때의 내용을 배우는 건 아니고……, 그 내용이 포함도 되어 있고 응용도 하는 것 같다."

고 했다. 사실 그 친구도 자기가 배우는 걸 뭐라 딱히 정의 내리지 못하고, 새로운 걸 배워서 재미있다고 했다.

쉬는 시간이 끝날 때까지 한참 동안 칠판을 보면서 그 친구에게 '여길 들어오려면 어떻게 해야 하나?', '뭘 배우나?', '재미있나?' 등등을 물어봤던 것 같다.

학원에서 시험을 보고 얼떨결에 경시반에 들어가게 된 난, 나와 비슷한 아이들을 많이 만나게 되었고, 수학의 재미를 조금씩 알게 되었다. 알고 보니 나만 지루한 계산에 지쳐 있었던 게 아니었던 것이다. 나는 그 쟁쟁한 경시반에서 우등생은 아니었지만, 친구들과 문제 푸는 것이 좋고 재미있었다. 너무 뻔한 문제만을 보아 왔기 때문일까. 오랜 시간을 들여서 답을 얻어냈을 때의 기분은, 뻔한 공식에 대입하여 답을 얻어냈을 때의 기분과는 180도 다른 기분이었다. 모르는 문제가 나왔을 때는 친구와 토론할 수 있어서 좋았으며, 묘한 경쟁심도 생기면서 스스로 찾아서 하는 공부를 시작하게 되었다. 사실 경시수학 문제도 따지고 보면 답이 다 정해진 문제들이긴 하지만, 그 답을 얻어내는 과정이 때론 간단하다가, 가끔은 또 엄청나게 복잡하기도 한, 내가 이전까지 해왔던 것과는 전혀 다른 종류의 수학이었다. 저 멀리 해답이 있는 것 같긴 한데, 앞에는 복잡한 미로가 펼쳐져 있었다. 단서를 찾아 내고 골똘히 생각하면, 그 답으로 다가가는 지름길이 있을 것만 같은 느낌은 내 속의 도전정신을 자극하기 시작하였다. 그것에 큰 재미를 느끼기 시작할 무렵, 경기도 교육청에서 주최하는 수학경시대회에서 은상을 수상했다. 이것은 내 인생에 있어 가장 큰 사건 중 하나이자 카이스트에 들어가기까지의 첫 발판이었다.

나는 노력형 영재

나는 한국과학영재학교(구 부산과학고)에 입학하게 되었다. 집이 일산 부근이라 경시 공부하던 친구들과 함께 경기과학고에 입학하려고 생각하고 있었는데, 내가 입학하려던 2003년부터 부산과학고가 영재학교로 바뀐다는 소문이 사실이 되면서 관심을 갖기 시작한 것이다. 중학생이었던 내가 생각하는 영재학교는, 나같은 노력형 인간은 들어갈 수 없는 곳이었지만, 지원이나 한번 해 보자 하는 생각으로 원서 준비부터 수학, 과학 공부까지 정말 열심히 했었다. 지금도 그렇지만, 나는 나의 부족한 부분을 힘닿는 데까지 노력해서 메우면 뭐든지 할 수 있을 것이라고 생각했다. 지나고 보니 그런 생각 자체가 지금의 나를 있게 한 큰 원동력이 아니었나 싶다.

영재학교라는 타이틀이 부담되기도 하고 내가 생각해도 웃음이 나왔지만 내심 기분은 좋았다. 그 학교는 초등학교 중학교 때의 경시반 그 작은 공간의 확장판이었다. 대부분의 아이들이 머리가 좋고, 놀기도 잘하였으며, 답이 없는 문제를 풀어가면서 고민과 토론을 많이 할 줄 알고, 그 시간을 아까워하지 않았다.

R&E(Research and Education)라는 프로그램이 생각난다. 세 명 정도가 팀을 이루어 연구 주제를 정한 뒤 전국의 대학교 교수님들을 대상으로 섭외를 하여 일 년 동안 그 문제에 대한 답을 찾기 위해 노력하는 교육 과정이었다. 당연히 나는 수학을 택하였고, 마음 맞는 친구와 1, 2학년 때 모두 수학 과목을 택하여 연구하였다. 1학년 때 주제는 '정수론과 암호론'이었다. 포항공대 최영주 석좌교수님을 모시고 했던 암호론 공부는 '수학이란 이런 것이구나, 아니 수학이란 학문이 실제로 이렇게 쓰일 수 있구나.'라는 생각을 들게 해준 너무나 뜻 깊은 기회였고, 수학 공부의 끈을 놓지 않게 해 주었다. 암호론을 공부하기 위해서 소수(자신과 1만 약수로 갖는 수)와 정수론에 대해서 공부를 해야 했고, 그러기 위해서는 수학의

가장 기본 중 하나인 나누기와 나머지를 공부해야했다. 결국 암호론이라는 학문은 어떻게 보면 수학의 가장 밑바닥과도 연결이 되어있었던 것이다. 이 프로젝트를 진행하면서 산수, 수학은 물론이고, 데모로 시연할 프로그램 제작을 위해 포항공대 도서관에서 밤을 새면서 프로그래밍을 했던 기억이 떠오른다.

2학년 때도 1학년 때 느꼈던 수학의 매력에서 헤어 나오지 못하고 R&E 주제로 역시 수학을 선택하였다. 이때는 카이스트의 김동수 교수님과 함께하였고, '자연수 분할'이라는 참 짧은 제목의 주제였다. 그런데 이 주제는 말처럼 쉽지 않았다. 정수론은 물론, 조합수학이라는 어려운 학문을 공부해야 했고, 연구를 하다 보니 3차원을 뛰어넘어 눈에 보이지 않는 4차원에 대해 고심해야할 때도 있었다. 처음에는 생각했던 것처럼 연구가 잘 되지 않아 스트레스도 받곤 했었는데, R&E를 성공적으로 마친 뒤 돌이켜 보니, 정말로 배운 것이 많았다. 턱을 괴고 가만히 앉아서 30분이 넘도록 고민한 만큼, 칠판에 분필로 한가득 채운 만큼 사고의 폭이 넓어졌다. 특히 여러 가지를 함께 엮어서 생각하려고 노력하는 습관이 생겼다.

그때는 이런 것을 느꼈다. 수학은 재미있는 학문이기도 하지만, 깊게 파고 들어가면, 절대로 쉽고 재미있는 학문만은 아닐 수도 있다는 것을. 그리고 그것이 재미있다면 수학을 더 공부해도 되겠다고 말이다.

좋아서 스스로 하는 공부

영재학교를 졸업할 때는 대학교에서의 졸업 논문과 유사한 형태의 리포트를 써 내야 했었는데, 나는 그 당시 개봉했던 존 내쉬의 이야기를 다룬「뷰티플 마인드」라는 영화를 보고 영감을 받아 '게임 이론'이라는 경제학이 접목된 수학 이론을 공부하였다. 이것으로 최종 리포트를 썼고, 보완하여 대통령 장학생 선발 시험에도 개별 연구 자료로 제출하였다. 확실히 내용적인 측면에서 깊이가 있진 않았지만, 최종 면접 시험을 보러 갔을 때 내가 수학을 왜 좋아하는지, 게임 이론을 공부하게 된 이유(영화를 보다가 너무 재미있어 보이는 학문이라 공부하게 되었다고 솔직히 말했다.) 등을 내가 느낀 그대로 설명하였다. 그 부분이 좋게 평가되어 대통령 장학생으로 선발되는 기쁨을 누리기도 했다.

이런 고등학교 때의 경험이 발판이 되어 카이스트 입학은 생각보다 쉽게(?) 할 수 있었다. 이렇게 말하면 혹자는 '선천적으로 머리가 좋은 게 아니냐.' 라는 애기를 할 수도 있겠지만, 앞에서도 말했듯이 나는 90% 이상을 내 능력보다 노력에서 끌어내려고 애썼다. 카이스트에 입학한다는 것은 고등학교 때 이미 마음을 정하고 준비를 한다는 뜻인데, 고등학교 때부터 수학이 좋아서 스스로 찾아서 하는 공부를 했기 때문일까. 그런 노력을 카이스트에서도 인정해 준 것 같다.

카이스트에 입학했다고 해서 고민이 없어진 것은 아니었다. 가장 큰 고민은 과를 정하던 2학년 때였다. 수학과를 갈 것인가, 수학을 응용할 수 있는 관련된 과를 갈 것인가. 아무래도 예전부터 수학 공부를 해왔고, 어느 정도 자신감도 있었기 때문에 수학과를 갈까 생각을 하기도 했지만, R&E 때도 그랬고 나는 순수 수학보다는 수학을 응용하여 다른 곳에 사용하는 것에 대해 관심이 더 갔던 것 같다. 고민 끝에 결정한 길은 '전기 및 전자 공학과'였고 적성에 맞아서인지 지금 전기 및 전자공학과 대학원까지 진학을 하여 석사과정을 하고 있다. 이쯤 되면 모든 분야 하나하나가 연구에 필요하고 상호간의 조합도 중요한데, 그중 수학은 가장 기초적인 부분부터 시작해서 전문적인 부분까지 정말로 유용하게 사용되고 있다. 내가 몸담고 있는 이곳에서는 수학이라는 학문이

당연히 소지해야 할 도구와 같아서 어릴 때부터 수학에 관심이 많았던 나의 경우 많은 부분에서 큰 도움이 되고 있다.

되돌아보면 나는 학생 때 여러 분야의 수학을 공부하면서 자연스레 머리도 열심히 사용하게 된 것 같다. 알려진 바로는 스무 살 중반부터는 뇌의 능력이 점점 나빠진다는데, 뇌의 활동이 가장 활발할 때인 중학교, 고등학교 때 나는 열심히 뇌를 굴렸고, 결과적으로 많은 수학의 기본들이 바로 응용 가능하도록 준비 상태를 만들어 둔 것이다. 그리고 그렇게 중·고등학교 때 열심히 뇌를 굴린 이유가 바로 지겹고 허무했던 초등학교 때 수학에 대한 실망. 이 과목은 이게 끝일까? 공부할 가치가 있을까? 라는 단순한 의문들로부터 시작된 것이었으니, 그때의 그런 고민은 꽤나 값졌던 것이었다.

만약, 카이스트나 포항공대와 같이 공학대학을 나오고 싶다는 생각이 있다면 막무가내로 '수학을 해라.' 와 같은 구식의 조언보다는 선배로서 이런 이야기를 해주고 싶다.

수학을 공부한다는 것은 게임에서 강력한 무기 하나를 갖게 되는 것과 비슷한 느낌인 것 같다. 초등학교 중학교 때 배우는 수학은 이 강력한 무기를 얻기 위해서 수련하는 단계와도 같아서 조금은 지겨워도 열심히 해둘수록 좋다고 말이다. 다시금 느끼는 것이지만, 열심히 수학 공부를 해둔 것은 나의 전공과 연구에 실질적으로 많은 부분에서 큰 도움이 되고 있다. 어렸을 때 수련을 열심히 해둔 결과랄까.

수학이라는 학문이 고등학교나 대학교를 들어가기 위한 수단처럼 사용되고 있는 것이 우리 교육의 현실이지만, 실제로 카이스트, 대학원에 들어오고 나니 그런 일련의 과정도 어느 정도는 필요한 것이라고 생각된다. 불평을 할 수도, 흥미를 잃을 수도 있다는 점은 오히려 자연스러운 현상으로 생각하는 것이 맞는 것 같다. 하지만 자기가 스스로 문제를 만들고 재미를 찾으려고 노력할 때 수학의 또 다른 면이 보이기 시작한다. 나는 그 과정을 앞에서 말한 것과 같이 스스로 발견하려고 노력하였고, 그에 따른 즐거움은 내가 예전에 느꼈던 지겨움과 불평들을 해소할 만큼 충분히 큰 것이었다.

어렸을 때 자동차만 지나가면 네 자리 번호판을 외웠던 것, 중학교 때 경시반 친구들과 원주율 π의 소수점 100자리까지 외우기를 했던 것이 얼핏 기억난다. 수학의 가장 기본이라 할 수 있는 숫자와의 놀이를 좋아하고 스스로 재미를 만들어 내려고 했었던 나의 모습을 되짚어 보면 '피식' 하는 웃음이 나오기도 하지만 지금의 내가 있기까지의 여러 과정 중에서 첫 단계였음이 분명하다.

후배들이여! 수학을 즐겨라!

• 이만호 남들처럼 수학을 싫어했으나 중학교 때부터 경시수학의 남다른 매력에 빠진 후 수학을 좋아하게 되었다. 스스로 문제를 만들어 재미를 즐기라고 조언하는 그는 한국과학영재고등학교를 거쳐 현재 카이스트 석사 과정에 있다.

III

열세 살

수학을 위한
부모 매뉴얼

열세 살이 되기 전에
알아야 할
부모 매뉴얼 5

Mannual01 초등수학과 중학수학의 차이를 이해하라.

수학 성적이 대략난감

우리나라 학부모들이 가장 중요하다고 생각하는 과목 수학! 그런데 중학교에 가더니 애 수학 성적이 믿을 수가 없습니다.

"초등학교 저학년 때는 수학을 좋아하던 아이가 어느 순간 수학을 재미없어 하면서 마지못해 하더라구요. 하지만 성적은 그냥 저냥 별 차이가 없어 그런가보다 했는데 중학교에 가더니만 점수 하락은 물론, 이제는 수포자(수학을 포기한 자) 클럽에 가입할 지경이 되었어요."

많은 부모님들이 이런 하소연을 하십니다. 부모 입장에서 보면 이 상황이 말 그대로 대략난감이죠. 조급한 마음에 아이에게 왜 그러느냐 이유가 뭐냐 다그쳐 묻고, 학원을 바꾸고, 과외를 붙이고, 애를 잡아 앉혀 문제집을 더 풀리면서 난관을 극복하려 애써보지만 그럴수록 질풍노도의 시기에 휩싸인 아이와 서로 상처만 주고 받을 뿐 상황이 개선되기는 쉽지 않습니다.

무엇이 문제일까요?

초등 저학년 때는 대체로 엄마가 옆에 붙어서 아이를 가르칩니다. 요즘은 어린이집, 유치원에서 10까지의 수나 덧셈 정도는 배우고 학교에 들어가는 경우가 많습니다. 학교에서 배우는 내용이 유치원에서 배워 다 아는 내용이라 아이들은 수학을 쉽게, 심지어 시시하다고까지 생각합니다. 2, 3학년이 되어 수가 점점 커지고, 소수와 분수로 수 개념이 확장되어도 눈으로 보고 활동으로 익히기 때문에 크게 어려워하지 않고 받아들입니다. 마찬가지로 도형, 측정 영역도 내 주변에서 볼 수 있는 사과, 연필, 자, 공, 상자 등의 구체물을 가지고 직접 대보고 만져보면서 학습하기 때문에 만만하게 생각하고 재미있어 합니다. 내용도 실제 생활에서 쓰이는 수 개념이나 길이, 무게, 들이, 시각, 시간에 대한 것이고, 규칙성과 문제해결 영역도 문제해결보다는 반복되는 배열에서 규칙을 찾거나 거꾸로 규칙에

따라 배열을 하는 내용에 더 무게가 실리기 때문에 무리가
없습니다.

초등 고학년으로 가면 수가 더 커지고 복잡한 분수, 소수
의 사칙연산이 등장합니다. 약수와 배수, 통분, 최대공약수,
최소공배수와 같이 개념이 어려운 내용도 있지요. 도형이나
측정도 다양한 도형의 둘레, 무게, 넓이, 겉넓이, 부피를 구
하는 활동으로 들어갑니다. 또 문제를 해결하기 위한 여러
가지 방법을 찾아보고, 비교해보고, 그 타당성을 검토하는
계획적이고 논리적인 활동을 요구하기도 하지요, 드디어 '생
각'이 필요한 수학의 세계에 발들 들여놓게 된 것입니다. 그
런데 아이들은 대개 이쯤에서 수학이 어렵다고 느끼기 시작
합니다. 또 분수, 소수가 들어간 복잡한 사칙연산을 하면서
연산 자체가 지겹기도 합니다. 흥미가 점점 떨어지지요. 이
런 어려움을 느꼈던 아이들은 중학수학도 마찬가지로 어려
울 수밖에 없습니다. 왜 이런 문제가 발생하는 것일까요? 새
로이 등장하는 수학 용어나 개념의 의미를 제대로 이해하지
못한 상태에서 학습지나 문제집을 계속해서 푸는 형태의 공
부를 해왔기 때문입니다.

그러다 떡~하니 중학생이 됩니다. 중학수학이 앞으로 중요하단 얘기는 주변에서 많이 들었죠. 나름 중학교에 들어가기 전에 학원에서 선행도 하고, 문제집도 풀어봤는데 첫 시험 점수는…… 헉! 부모는 물론이거니와 본인도 충격을 받습니다.

하지만 초등 고학년 때부터 수학이 어렵고, 싫었다면 이미 예견된 결과일 수 있습니다.

여기서부터 시작입니다

아이들은 초등수학에서 중학수학으로, 말 그대로 새로운 단계로 들어선 것입니다. 그 새로운 단계에 대한 이해와 준비 없이 초등 때 그 다음 학기 수학을 미리 선행하듯 중학교 수학문제 좀 풀어보았다고 중학수학에 대한 준비가 된 것이 아니라는 말입니다.

그럼, 초등수학과 중학수학은 무엇이 같고, 또 어떻게 다를까요?

초등 교육 과정은 '수와 연산', '도형', '측정', '확률과 통계', '규칙성과 문제해결'의 5개 영역으로 나누어져 있습니다. 중학 교육 과정은 초등과 달리 '수와 연산', '문자와 식',

'함수', '확률과 통계', '기하'의 5개 영역으로 구성됩니다. '수와 연산', '확률과 통계' 영역은 그대로 유지되지만 초등학교의 '측정'과 '도형'은 중학교에서 '기하'로 통합되고, '규칙성과 문제해결'은 '문자와 식', '함수'로 분화되었습니다.

여기에 아이들이 중학수학을 어려워하는 가장 큰 이유가 있습니다. 눈에 보이는 구체적인 조작과 관찰의 대상인 도형, 측정 부분은 줄어들고, 문자를 사용하고 문자들 사이의 관계를 알아보는 문자와 식, 함수가 중요하게 다루어집니다. 다시 말해 '추상성' 때문입니다. 구체적 조작, 눈에 보이는 구체물과 수, 숫자로 하는 수학에서 추상화된 수학을 만나게 됩니다. 눈에 보이지 않는 낯선 개념, 새롭게 등장하는 이상한 기호와 용어들, 문자로 이루어진 식으로 변화된 수학이 연산 중심, 활동 중심의 문제 풀이에 익숙한 아이들을 당황하게 만드는 거죠. 게다가 그 내용들은 서로 서로 '관계'를 맺고 있어서 하나를 놓치면 그 다음 내용도 이해하기 어려운 단계적 특징을 가지고 있습니다.

예를 들어 처음 배운 '집합'의 개념과 그 표현방법을 정확히 이해하지 못하면 그 다음에 배우는 자연수 단원에서도 어려움을 겪게 되는 식이죠. 정수 개념을 공부할 때, 정수는 양의 정수, 0, 음의 정수로 이루어진 수를 말하므로 자연수, 즉 양의 정수는 정수에 포함되는 부분집합이고, 정수는 전체집합인 관계에 있습니다. 다시 정수는 유리수로 확장됩니다. 즉 정수가 유리수의 부분집합이 되지요. 같은 정수라도 전체집합이 무엇이냐에 따라 전체집합이 될 수도 있고, 부분집합이 될 수도 있습니다. 3학년이 되면 무리수를 배우게 되고 실수는 유리수와 무리수, 이 두 집합의 합집합이라는 것을 배웁니다. 이러한 수들의 집합과 그 집합들 사이의 관계를 벤다이어그램이나 원소나열법, 조건제시법으로 자유자재로 나타낼 수 있을 때, '집합'에 대한 이해가 충분히 이루어졌다고 할 수 있습니다.

또 설명 방식도 달라집니다. 초등수학에서는 대개 눈에 보이는 구체적인 물건이나 수로 이렇게 저렇게 활동을 해보고, 활동으로 알게 된 '사실'을 '약속하기'를 통해 정리합니다. 이렇게 구체적인 예시를 통해 결론을 이끌어 내는 것을 귀납법이라고 하지요.

중학수학에서는 귀납법과 반대로 새로운 '약속'으로부터 시작하는 경우가 많습니다. 그 약속에는 처음 듣는 낯선 용어도 나오죠. 약속이나 용어를 좀 더 쉽게 설명하기 위해 여러 가지 예시를 들어줍니다. 이렇게 설명하는 방법을 연역법이라고 합니다. 또 약속으로부터 알게 된 사실이 참인 이유를 증명으로 밝힙니다. 보다 '논리적인 사고'를 요구하지요.

이러한 변화의 내용과 방법에 주목하지 않고 문제만 풀어대면 수학은 아이들에게 '어려움'에 더해 '괴로움'을 주는 과목이 되어 버립니다. 그러니 수포자 클럽 아이들은 단원 앞머리마다 뜬금없이 나타나 내가 이런 새로운 약속을 만들어 세상을 바꾸었다고 뻐기는 수학자들이 완전 꼴 보기 싫을 뿐이랍니다.

중요한 것은 생각하는 힘

이제 아이들에게 필요한 것은 '하루 다섯 쪽 문제집 풀기'가 아니라 '생각하는 힘'입니다. 더 이상 자판기에 동전을 넣으면 음료수가 튀어나오듯 기계적으로 풀어내는 문제 풀이가 아니라는 말입니다. 문제를 이리저리 뜯어보면서 문자 뒤에 어떤 의미가 숨겨져 있는지, 이 기호와 용어는 어떤 약속인지를 되새겨, 문제가 묻는 것을 제대로 파악하는 훈련이 필요한 때라는 것이죠. 이때 가장 좋은 것은 학교에서 보게 될 '교과서'를 공부해 보는 것입니다. 13살 겨울방학 때 중학교 수학을 공부할 계획을 가지고 있다면 '교과서'를 미리 공부하도록 하세요. 교과서의 개념 설명을 읽으면서 초등학교 때와 무엇이 어떻게 다른지 스스로 느끼도록 합니다. 생각하기도 전에 누군가가 미리 가르쳐 주는 것을 그냥 받아들이지 않고, 모르거나 이해할 수 없는 것은 무엇인지, 이 기호가 무엇을 뜻하는지 궁금해서 묻도록 순서를 바꿔주세요. 내가 무엇을 좋아하고, 무엇을 먹고 싶은지 생각하고, 알지도 못한 상태에서 차려주는 밥을 먹다보면 음식을 먹는 즐거움을 느낄 수 없게 됩니다.

교과서 개념을 꼭꼭 씹어 먹은 후에는 교과서 개념을 설명하는 문제들을 풀어봅니다. 개념을 이해시키기 위해 실은 문제들이기 때문에 쉽고 군더더기가 없는 깔끔한 문제들입니다. 개념이 정확히 정립되지도 않은 상태에서 많은 문제, 어려운 난이도의 문제를 푸는 것은 부모님을 만족시켜줄 수는 있을지 모르겠으나 아이에게는 고문입니다. 많은 문제를 풀려 실력을 다지고 싶으시다면 익힘책 문제를 함께 풀리면서 교과서를 다시 한번 보도록 하세요. 처음 볼 때 어렵고 틀렸던 내용들이 무슨 뜻인지 이해되는 경험을 하게 될 것입니다.

수학의 갈림길에 선 13살, 이때 '생각하는 힘'을 길러내지 못한다면 수포자 클럽 명예의 전당에 오르거나 극복을 위해 더 많은 시간과 노력을 투자해야하는 상황과 맞닥뜨릴 수밖에 없습니다.

Mannual02 수학 자신감, 첫 시험을 대비하라.

첫 시험, 수학의 갈림길

중학생이 되어 치르는 첫 시험, 매우 중요합니다. 왜냐하면 이 첫 시험이 수학 갈림길에 선 아이들을 어떤 길로 인도할지 결정한다고 해도 과언이 아니기 때문입니다. 중학생이 되어 치르는 첫 시험은 선생님과 아이들 사이에서뿐 아니라 자기 스스로 자신의 학습능력에 대한 첫 이미지를 만드는 자리가 되기 때문이지요.

첫 시험에서 초등학교 때와 비슷하거나 좋은 성적을 얻은 아이들은 중학수학에 일단 '적응'을 했다고 볼 수 있습니다. 중학수학의 용어나 개념에 대한 이해가 기본적으로 이루어진 것이죠. 또한 점수가 유지 또는 상향되었기 때문에 '자신감'이라는 매우 소중한 선물도 덤으로 얻게 됩니다. '중학수학도 크게 다르지 않구나, 한번 해 볼만 하겠는 걸' 하는 의지가 생깁니다. 그러나 초등학교 때와 달리 점수가 하락했거나 자신의 기대에 못 미치는 점수를 받으면 수학에 대해 부정적인 이미지를 갖게 됩니다. 더구나 나름대로 준비를 했다고 생각했다가 점수가 낮으면 '아, 나는 수학을 못하는구나, 해도 안 되는구나' 좌절하게 되고 이것이 수학 학습에 가장 큰 걸림돌이 될 수 있습니다.

수학 학습상황 진단부터

초등 때처럼 엄마나 아빠가 애를 붙잡아 앉혀 문제집 풀리고, 가르쳐가면서 공부를 시켜야할까요? 중학 과정으로 접어든 수학은 교육 과정이 바뀌어 엄마, 아빠가 배웠던 수학과도 다르고, 가르치려면 다시 책을 늘여다보며 공부해야 합니다. 부모님도 가슴이 답답해지는 지점입니다. 답답해지는 가슴을 억누르며 아이의 수학책으로 공부까지 해가며 아이와 책상에 앉았습니다. 여기까지 실행에 옮기신 부모님들, 정말 열의가 대단한 분들이십니다. 그러나 엄마, 아빠가 가르치다보면 어느 순간 책상을 두드리며 아이를 다그치고 있는 나를 만나게 됩니다. 아이와 실랑이 하다 얼굴 붉히고 언성 높아지기 일쑤지요.

오죽하면 학교 수학 선생님도 자신의 아이는 학원에 보내겠습니까?

　내가 가르치겠다는 그 의지로, 아이를 옆에서 잘 관리해주세요. 수학은 선행학습이 옳으니 그르니 말도 많지만 최소한 학기 또는 한 학년을 선행하는 것이 사실상 일반적인 학습법처럼 여겨지는 것이 현실입니다. 그러니 1학년 중간고사 때면 방학 때 보고 학기 중에 보고, 이미 두 세 차례 반복이 이루어진 상태가 됩니다. 내 아이에게 선행이 필요한지 아닌지부터 시작해서 학원에 보낸다고 학원에서 다 알아서 해주겠지, 숙제며 공부 잘하고 있으니까 좋은 결과가 있겠지 다 맡기지도 마시고, 엄마의 기준에 맞추어 좀 더 많이, 좀 더 오래 공부하도록 아이를 옥죄지도 마세요.

　아이가 수학을 어떤 상태에서 어떻게 공부하고 있는지에 초점을 맞추어 점검해보세요.

　이해가 되지 않은 상태로 마지못해 하고 있는지, 괴로워하면서 습관적으로 문제만 풀고 있는 것은 아닌지, 나름대로 소화하면서 나아가고 있는지, 적절한 자극이 필요한 시점인지 살피셔야 합니다. 아이가 괴로워하고 있다면 그 원인이 무엇인지, 충분한 대화를 통해서 원인과 해결책을 찾아야겠지요. 수학의 어떤 부분을 괴로워하는지, 아이의 실력에 비해 너무 어려운 수준의 강의나 교재로 공부하고 있는 것은 아닌지, 학원이나 공부방의 숙제나 평가가 너무 많은 것은 아닌지 등등을 파악하여 아이에게 맞는 처방을 내려야 하는 것이죠.

첫 시험, 성취감을 목표로

올라갔다 내려오는 등산을 왜 해야 하냐고 입 내밀고 투정하는 아이를 높은 산 정상까지 억지로 끌고 올라가 '이것 봐라, 얼마나 멋진 장관이냐.'고 호연지기를 기르라고 강요하는 것 보다는 만만한 동네 뒷산에 오르면서 키 작은 야생화와 계곡의 눈맑은 물고기, 시원한 바람을 만나는 소소한 기쁨과 갈증을 달래주는 약수터의 고마움을 맛보게 해주세요. 높은 산을 한 번에 오르려다 실패하여 좌절하고 포기하기보다는 낮은 산을 차례로 오르며 성취감을 맛보고 산에 오르는 재미를 느끼는 것이 중요합니다.

첫 시험, 수학 마라톤의 시작입니다. 앞으로 달릴 중고등 6년의 마라톤을 포기하지 않고 완주하려면 계획을 잘 세워야 합니다. 긴 레이스에서 의지를 불태우며 처음에 너무 무리하면 본인의 페이스를 잃게 됩니다. 끝까지 달리기 힘들지요. 너무 높은 목표를 세우기보다는 원래 자기 점수의 유지, 또는 10점 정도 상향된 점수를 목표로 준비하세요.

10점 상향! 즉 2~3문제를 더 맞히기 위해서는 열심히 하는 것만으로는 부족합니다. 중요한 것은 내가 무엇을 알고, 무엇을 모르고 있는지를 아는 것입니다. 수학 공부에 많은 시간을 투자해서 열심히 했는데도 결과가 좋지 않은 아이일수록 자신의 약점이나 문제점을 모르고 그저 '열심히' 공부만 하고 있을 확률이 높습니다. 자신이 무엇을 모르고 있는지 모르기 때문에 같은 현상이 반복되고, 노력에 대한 결과가 좋지 않으니 심한 좌절감을 느끼게 됩니다. 공부를 할 때, 막혀서 해설을 보고서야 풀었던 문제, 채점을 했을 때 틀렸던 문제는 반드시 표시를 해두거나 오답노트에 옮겨 적어 자신이 모르는 것이 무엇인지 알아야 합니다. 또 어떤 단원의 문제를 유독 많이 틀린다면 그 단원의 개념, 용어와 기호의 의미를 제대로 이해하지 못한 것입니다. 이 부분을 개선하지 않고 습관적으로 문제를 풀면 아무리 많은 문제를 풀어도 다음에도 틀리게 되어 있습니다. 점수는 잘 이해되지 않는 개념이나 용어, 반복해서 틀리는 문제를 파고들어 약점을 보완했을 때 올라갑니다. 아무리 봐도 모르겠다면 주변의 친구나 선생님에게 묻고, 책에 따로 표시하거나 오답노트에 적어 놓은 내용을 계속해서 확인, 반복하여 내 것으로 만들도록 합니다.

시험 전 최종 확인

　　　　　　　　　첫 시험은 학교마다 차이는
있지만 대개 집합과 자연수, 정수와 유리수, 문자와 식 정도
까지입니다. 새로운 약속과 기호, 문자가 본격적으로 나오기
시작하는 단원이죠. 시험대비는 학교, 학원, 공부방 등에서
이른바 '족보'라고 일컬어지는 기출 문제를 중심으로 문제집,
프린트물을 반복적으로 푸는 형태로 이루어집니다. 배점이
높은 서술형 평가도 빠뜨릴 수 없지요. 특히 서술형 평가의
경우는 개념을 정확히 알고, 논리적으로 전개하여 답을 구했
는지의 모든 과정을 보는 것이므로 답이 맞았더라도 논리의
비약이 있거나 과정의 전개가 틀렸다면 감점 대상이 되므로
주의해야 합니다. 또 많은 학생들이 객관식 문제를 풀어 답
을 구할 수 있으면 개념을 알고 있다고 생각하지만 실제로
적어 보게 하면 정확하게 서술하는 경우는 많지 않습니다.
　따라서 시험 전에 문제 풀이뿐만 아니라 용어의 의미를 정
확히 설명하고, 기호를 이용하여 예를 들어가며 표현할 수
있는지 다시 한번 확인하는 자리를 가져 보세요. 빈 종이에

각 단원의 주요 개념과 용어, 기호를 적고, 교과서와 익힘책의 단원마무리 연습문제를 서술형 평가라고 생각하고 풀이 과정을 모두 적어서 풀도록 합니다. 개념에 대한 이해가 정확하게 이루어졌는지, 학습 내용이 잘 정리되었는지 알 수 있고, 어떤 부분이 정리가 되지 않았는지 드러나므로 매우 효과적입니다.

Mannual03 중학수학, 개념을 잡아라.

개념 있는 수학은 외계어?

"아무리 열심히 해도 성적은 80점대를 못 벗어나요."

"왜 시험에는 내가 못 본 문제만 나올까요?"

"아는 문제인데 실수로 틀리는 경우가 많아요."

"선생님이 풀어줄 때는 다 아는 것 같은데 내가 풀려면 탁 막 혀요."

"유형집으로 연습했는데 문제 유형이 달라지니까 모르겠어요."

많은 아이들이 토로하는 수학고민들입니다. 강산이 2~3번 변할 만큼의 시간이 흘러 교실마다 에어컨이 돌아가는 시절이 되었어도 아이들의 고민은 부모님들이 공부하면서 했던 그 시절의 고민과 크게 다르지 않습니다. 이 답답함을 해결하고 싶은 마음에 인터넷 검색창에 '수학 잘하는 방법'을 입력해 봅니다. 돌아오는 대답은 '기본개념을 다져라'입니다.

그래, 수학은 기본 개념이 중요하지. 개념이 그렇게 중요하다는데, 개념이 탄탄해야 앞으로 나아갈 수 있다는데 말이지. 그런데 개념은 무엇을 말하는 거죠?

수학에서 말하는 개념이란, 수학 문제를 풀려고 할 때 알고 있어야만 하는 내용을 떠올리시면 됩니다. 즉 수학적 약속, 수학 용어, 기호들을 통칭하여 부르는 이름이죠. 보통 수학책에서 박스로 따로 정리되어 있는 내용들에 해당됩니다.

그런데 아이들은 초등수학처럼 숫자로 계산해서 답이 나오는 수학이 아닌, 새롭게 약속하고, 기호를 정하고, 성질을 이해해서 풀어야 하는 중학수학을 낯선 외계어로 여깁니다. 무슨 소리인지 도대체 알아듣기 힘들다는 거죠. 그러니 책 앞부분에 정리된 수학 개념은 눈으로 쓱 한번 읽고 지나갑니다. 봐도 그만 안봐도 그만인 페이지가 되어 버립니다. 그리고 바로 문제로 들어갑니다. 수학을 잘 한다는 것은 결국 문제를 잘 풀어내는 것으로 나타나기 때문에 문제에 매달리게 됩니다. 학교에서도 학원에서도 집에서도 문제집을 풀어댑니다. 여기에 맹점이 있습니다. 아이들은 수학을 이해하는 과복으로 생각하고 기본적인 용어나 공식도 암기하기 싫어합니다. 개념서, 유형집, 기출문제집 등 숱한 문제를 풀어 문제 푸는 방법은 알게 되지만, 문제에 등장하는 용어의 뜻이나 성질을 물어보면 정확히 알고 설명할 줄 아는 아이는 흔치 않습니다. 반복적으로 문제를 푸는 과정에서 문제 유형을 외우거나 어렴풋하게 개념을 아는 경우죠. 하지만 이런 식으로 수학을 공부하다 보면 어느 순간 한계에 도달하게 됩니다. 위의 고민을 토로했던 학생들이 수학을 잘하지 못하는 가장 큰 이유도 바로 여기에 있습니다.

수학에서 말하는 개념이란 이처럼 어려운 외계어를 배우기 위해서 필요한 문자, 단어, 문법이라고 말할 수 있습니다.

개념의 출발은 약속으로부터

개념의 출발은 수학적 약속인 정의입니다. 그럼 정의는 무엇일까요?

'정의(定義;definition)'란 '수학적 약속'으로 '이등변삼각형은 두 변의 길이가 같은 삼각형이다', '원은 한 점에서 같은 거리에 있는 점들의 집합이다.'와 같은 것을 말합니다. 눈치 채셨겠지만 정의는 왜 그런지 따지고 증명해야 하는 것이 아니라, 그냥 받아들이는 것입니다. 정의를 두고 왜? 라고 의문을 가지는 것은, 사과를 왜 사과라고 부르느냐 나는 앞으로 오리라고 하겠다고 하는 것과 마찬가지입니다. 내 마음대로 사과를 오리라고 할 수는 있지만 사과를 오리라고 말해서는 다른 사람과 내가 원하는 대화를 나눌 수 없습니다. 오래 전부터 많은 사람들이 그렇게 약속하고, 사용해 왔기 때문에 사과는 사과라고 말해야 그 뜻이 통하고, 의미 있는 대화를 나눌 수 있습니다. 그러므로 정의는 반드시 암기해서 알고 있어야만 하는 내용이지요. 이등변삼각형의 두 변의 길이가 같다는 사실을 모르면 '이등변삼각형은 두 밑각의 크기가 같다.', '이등변삼각형의 꼭지각에서 내린 수선은 밑변을 수직이등분한다.'와 같은 정리를 이해할 수 없습니다. '정리(定理;theorem)'는 정의에서 다룬 용어나 내용에서 출발한, 참인 문장을 말합니다. 이미 참이라는 것을 알고 있기 때문에 어떤 문장이 참인지 거짓인지 따질 때 정리를 이용합니다. 예를 들면 '정삼각형의 세 내각의 크기는 같다.'와 같은 문장이 정리인데, 어떤 삼각형이 정삼각형인지 아닌지를 알아볼 때 세 내각의 크기가 같은지를 확인해보면 되는 것이죠.

문제보다 개념 익히기가 먼저

개념은 읽어보고 다 안다고

생각하지만, 막상 개념을 적용한 문제를 풀었을 때 풀리지 않는다면 개념을 제대로 이해하지 못한 것입니다. 새로운 약속과 기호의 의미를 다른 사람에게 정확히 설명하도록 해보세요. 읽어서 아는 것과 알고 있는 것을 설명하는 것은 다릅니다. 그 과정에서 알고 있는 것은 확실하게 다져지고, 모르는 부분은 드러날 수밖에 없거든요. 새로운 약속과 기호의 의미를 예를 들어가며 정확히 설명할 수 있고, 자유자재로 식을 세울 수 있어야 개념을 정확하게 이해했다고 할 수 있습니다.

이렇게 개념을 익히고, 성질을 탐구하는 과정을 거쳐 문제로 학습 내용을 다지는 것이 바람직한 학습 순서인데 점수의 수직 상승을, 빠른 변화를 기대하다보니 내용을 파악하기보다 공식과 문제 유형을 암기해서 문제풀이로 돌입하는 형태의 학습에 익숙합니다. 이때도 유형집으로 비슷한 문제를 많이 푸는 훈련을 하죠. 아이들은 출제된 문제가 익숙한 유형의 문제라고 생각되면 문제를 꼼꼼히 읽지 않고, 성급하게 자신이 아는 해결 방법으로 풀어버립니다. 이런 실수가 고득점으로 가는 길목을 가로막습니다. 이런 방법으로 공부를 하게 되면 수학 성적은 점점 내려갈 수밖에 없고 당연히 수능에서도 좋은 결과를 기대할 수 없습니다. 문제를 꼼꼼히 읽고, 묻는 것이 무엇인지 알아내는 데 더 많은 노력을 기울여야 합니다.

교과서와 익힘책 구성의 의미

개념을 명확히 하기 위해 문제를 통한 연습은 반드시 필요합니다. 문제는 개념을 내 것으로 만들기 위한 훈련 방법이라고 할 수 있습니다. 학교에서 배우는 수학책이 교과서와 익힘책으로 구성된 것도 그와 같은 이유입니다. 교과서와 익힘책은 교육과학부에서 제시하는 교육 과정을 충실히 반영하여 공식인정을 받은 교재입니다. 또한 학교의 시험은 이를 기반으로 출제하게 되어 있으니 중심에 놓고 학습해야 하는 책은 바로 교과서와 익힘책입니다. 교과서를 정독해서 읽으면서 개념을 파악하도록 합니다. 용어의 의미와 기호의 사용을 이해하고 예제를 통해서 문제에 어떻게 적용되는지, 어떻게 풀어야 하는지 방법을 배웁니다. 그리고 교과서에 딸린 익힘책으로 문제 연습을 하면서 내 것으로 만드는 거죠. 그 다음에 문제집이나 참고서 등을 활용하여 다양한 형태의 문제를 풀면서 개념이 세대로 잡혔는지 확인하고 다지는 훈련을 한다면 만점 고지가 멀지 않을 것입니다.

　13살 수학의 갈림길에서 중요한 것은 학습의 '양'보다 학습의 '질'입니다. 이렇게 수학을 개념 중심으로 공부하는 습관을 들이게 되면 문제가 객관식이든, 주관식이든, 서술형이든, 신유형이든 문제가 되지 않습니다.

Mannual04 문제 풀이보다 책을 읽혀라.

수학보다 책 읽기가 먼저

옆집 기윤이는 한 학년, 엄친딸 호정이는 고등과정을 선행한다던데, 만점학원의 일타강사 최고야 선생이 잘 가르친다더라, 창의수학, 경시, 영재원 대비 수학이 어쩌구 저쩌구…….

해야 할 것은 태산이고 시간은 모자라고, 지금 놓치면 수학이 영영 멀어질 것 같아 마음이 급한데 책을 읽으라니, 왠 한가한 소리냐고 생각하시죠? 초등학교 때는 서점으로 도서관으로 끌고 다니고, 따라다니면서 책 읽으라고 잔소리하던 엄마들이 아이가 중학생이 되면 책 읽는 시간도 아까워하는 모습을 많이 보게 됩니다. 과연 그럴까요? 책 읽기보다 수학을 앞 서 가는 것이 더 중요할까요?

얼핏 생각하면 앞 선 단원의 내용이나 앞 선 학년의 수학을 미리 알면 지금 배우는 수학을 더 쉽게 풀 수 있고, 좀 더 큰 그림 속에서 볼 수 있는 눈이 생기니까 수학 공부에 도움이 되는 것이 아닌가 합니다. 실제로 그런 부분이 없는 것도 아닙니다. 하지만 당장의 문제 풀이에서 눈을 돌려 앞으로 수학을 어떻게 공부해야 하는가를 생각해 보면 답은 달라집니다.

앞에서 이야기한대로 중학수학은 '개념' 있는 아이들의 '생각하는 힘'을 요구합니다. 그것이 드러나는 부분이 바로 수행평가, 서술형 평가, 실생활 소재의 응용 문제들입니다. 초등 때보다 배점도 크고, 본격적으로 다루어지므로 더더욱 크게 느껴집니다.

여기가 바로 13살, 수학 점수의 갈림길입니다. 그리고 그 연장선에 수능이 있다고 보시면 됩니다. 수능에 출제되는 문제들은 교과서에서 배우는 수학을 그대로 정직하게 묻는 중간고사나 기말고사와는 다릅니다. 단원간 과목간 통합 형태나 실생활 소재로 포장되어 출제되기도 하고, 문제 길이가 10줄이 넘어 도대체 국어 문제인지 수학 문제인지 모를 문제도 있습니다. 게다가 중간 중간 무지하게 어려워 보이는 수학식들이 들어가 있어 다 아는 글자들로 이루어져 있는데도 해독 불가능한 무의미철자처럼 느껴집니다. 게다가 배점도 높아 좌절감을 더해줍니다. 사실 이런 문제들에 대해서는 아이 앞에서는 짐짓 아닌 척 모른 척 외면하고 있지만 부모님들 중에도(인정하고 싶지 않지만) 가슴 아픈 기억을 가지고 계신 분들이 많을 줄로 압니다. 그 상처가 깊어 아이가 수학을 싫어하는 것이 내 탓은 아닐까 남몰래 고민하고 계시기도 하지요. 대를 이어 수학 때문에 '괴로움'을 겪고 있다니! 이게 무슨 비극입니까?

책 읽기는 수학만의 문제가 아니다

초등 수학 문제에도 실생활 문제들이 있지만 대부분은 사과가 5개 있었는데 2개를 먹었다 몇 개가 남았느냐? 귤 8개를 3명이 나누어 먹으려면 몇 개씩 먹어야 하겠느냐? 와 같이 소재만 가져온 간단한 문제인 경우가 많습니다.

중학수학의 실생활 소재 응용 문제와 가장 가까운 형태는 익힘책의 '문제해결' 문제라고 할 수 있습니다. 문제 상황 자체를 주고, 문제를 해결하기 위한 생각을 하도록 유도하는 사고력, 응용 문제지요. 많은 아이들이 이런 문제를 어려워합니다. 문제의 문장이 길어진다면 더더욱 힘들어 하지요.

긴 문장 속에 담긴, 문제가 묻는 것이 무엇인지 해석하는 능력이 떨어지기 때문입니다.

국어를 잘하는 아이는 수학뿐 아니라 다른 과목도 두루 두루 잘하는 경우가 많습니다. 국어를 잘 한다는 것은 단순히 국어 문제를 잘 푼다는 것이 아니라 책을 많이 읽어 독해력, 이해력, 논리력이 뛰어나다는 말입니다. 초등 고학년이 되면 어휘력이나 배경지식, 문장을 이해하는 능력에 있어서 책을 읽은 아이와 그렇지 않은 아이의 격차가 점점 벌어지는 것이 보입니다. 책 읽기를 싫어하는 아이는 이해력이 떨어지므로 내용을 습득하는 데 시간이 오래 걸리고, 학습을 어렵게 느낍니다. 그런 현상이 계속해서 반복되면 공부 자체를 싫어하게 되는 거죠.

이미 늦은 것은 아닌지?

책을 좋아하지도 않는 아이를 갑자기 책을 읽게 만들어야 한다니…… 이미 너무 늦은 것은 아닐까? 읽는다고 달라지기는 할까? 무슨 책을 어떻게 골라야 할지, 책을 많이 읽으면 어휘력, 이해력, 배경지식이 그냥 생기는지, 무엇을 어떻게 해야 막막하시다면 책에 익숙해질 때까지 독서 논술 관련 카페나 블로그, 프로그램 등을 참고하세요. 이 때 주의할 점은 아이가 '책' 자체와 친해지기 위해서는 아이가 골라오는 책이 마음에 들지 않아도 당분간은 참아주셔야 한다는 것입니다. 부모님들의 경험을 떠올려보세요. 만화책이며 무협지, 하이틴로맨스 등의 어른들이 싫어하는 책들이 아이들에게는 하나의 트렌드였던 시절이 있었습니다. 다만 그 책에만 빠져들지 않도록 다른 책도 은근히 권해주시면 됩니다. 또 집에서도 책 읽는 분위기를 만들어야죠. 엄마 아빠는 TV에 푹 빠져있으면서 아이가 책 읽기를 바라는 것은 흔히 말하는 도둑놈 심보입니다.

첫술에 배부르기를 바라지 말고, 아이가 흥미를 느끼는 분야의 얇고 쉬운 책부터 한 달에 한 권이라도 시작하세요. 책 읽기를 권하는 모임인 '책으로 따뜻한 세상을 만드는 교사들', '어린이 도서 연구회', '학교 도서관 저널' 등의 추천 리스트를 활용하면 역사, 과학, 문학, 인문사회, 철학, 예술 등 다양한 분야의 좋은 책들을 만날 수 있습니다. 책을 읽은 다음에는 칭찬을 통해 스스로 책을 읽을 수 있도록 유도해 주세요. 스스로 읽는 재미를 느껴야 계속해서 책을 읽는 습관을 들일 수 있습니다. 혼자 책 읽기 자체가 힘들다면 부모님이 함께 소리 내어 읽으며 호기심을 자극도 해보고, 다른 가족들도 같은 책을 함께 읽고 퀴즈나 느낌 나누기, 토론 등의 독후 활동을 한다면 더더욱 좋겠지요.

두세 달 정도 적응기가 지나면 대부분의 학생이 자연스럽게 책과 친해진다는 것이 독서지도 전문가들의 설명입니다.

"처음에는 책 읽기는 물론, 책 보는 눈이 없어 책 고르기조차 어려워했던 학생도 독후 활동을 완성하면서 성취감과 만족을 느끼게 됩니다. 자신이 원하는 분야의 책을 찾아 읽게 되지요."

"책 읽기에 재미를 붙이면 책 속에서 만나는 세상에 관심을 갖게 되고, 더불어 자신의 삶과 미래에 대한 고민이 시작됩니다."

"자신이 원하는 책을 찾아 읽으면서 인터넷으로 관련 분야의 모임이나 블로그, 카페에 가입하여 다른 사람들과 비슷한 고민이나 생각, 경험을 나누기도 하고, 더 많은 것을 알아보기 위해 계획을 세우기도 하면서 스스로 시간 관리나 학습법 등도 터득하여 자기주도학습이 가능합니다."

이렇게 책 읽는 습관이 잘 형성된 학생은 중학생, 고등학생이 된 후에도 사고력과 집중력이 높게 나타난다는 것은 독서전문가들의 증언이 아니어도 이미 잘 알려진 사실이기도 합니다.

또한 간접 학습의 매개체로만 강조되던 독서가 이제는 입시와 내신의 핵심으로 떠오르고 있습니다. 내신 서술형, 논술형 평가가 전국으로 확대 시행될 예정이며 특목고 입시에서도 입학사정관제가 도입되어 '독서 이력'이 특목고 입시에 큰 변수로 작용하고 있습니다. 주요 대학들도 입학 사정관제 선발 비중을 확대하면서 자기주도학습과 독서 이력을 전형에 반영하고 있습니다. 독서 및 논술의 중요성은 점점 더 높아지고 있는 추세입니다.

대한민국에서 '입시' 만큼 막강한 힘을 갖는 것도 흔치 않지요. 입시에 독서가 좋다는 '소문'이 나면서 공부와 독서가 별개의 것처럼, 독서가 쌓아야 하는 '스펙'이 되어 버렸지만 예로부터 공부는 곧 독서를 의미했으며 책을 읽는 것이 공부였습니다. 그리고 읽는 책이 그 사람을 의미했습니다. 독서만큼 좋은 공부법은 없습니다.

바로 지금, 이 책부터 시작하세요.

Mannual05 수학 잘하는 비법? 부모가 쥐고 있다.

수학 잘하는 비법

한두 학년 선행은 필수, 기본 개념서 – 응용 문제집 – 심화 문제집 – 경시 대비 문제집 – 창의영재 문제집 풀기, 유형문제집으로 개념 다지기, 틀린 문제 오답노트 만들기, 기적의 노트 필기법, 부족한 부분 인강 듣기, 시험대비 족보 풀기…….

수많은 책, 카페, 블로그, 강연 등에서 수학 학습법을 말합니다. 또 주변의 학부모 네트워크나 학원에서도 셀 수 없이 많은 수학 정보들이 오고 갑니다. 그 정보들을 읽고, 듣고, 보면 볼수록 그래서 선행은 당연하다는 거지? 그럼 학원 보내야겠지? 아니 과외가 더 나으려나? 근데, 영 가능성 없어 보였던 아이들도 맘 잡고 혼자 공부해서 명문 대학 갔다는데 역시 스스로 공부하는 게 제일 중요하겠지? 그런데 어떻게 스스로 공부하게 만들어야 하나 에휴…… 그래서 우리 애한

테는 뭐가 정답인 건지…… 하루에도 몇 번씩 오락가락, 알면 알수록 막막하고 머리가 더 아프기도 하죠. 걱정이 앞서다 보니 나는 뭔가 정보가 부족한 것 같고, 보다 전문적인 도움이 필요하다는 생각에 학원 레벨 테스트도 받아 보고, 과외선생님과 상담도 해 봅니다.

하지만 이때 놓치기 쉬운 것이 바로 공부를 하는 주체인 '아이'입니다. 혼자서도 알아서 하는 아이, 옆에서 도움을 주어야만 하는 아이, 주의가 산만한 아이, 집중력 있는 아이, 금방 싫증을 내는 아이, 끈기 있는 아이, 반복이 필요한 아이, 도전을 좋아하는 아이, 기초부터 다져야 하는 아이, 확장이 필요한 아이…….

이렇게 아이들은 10명이면 10명 모두 다 다릅니다. 또 한 아이도 시기에 따라 상황에 따라 학습법이 달라집니다. 사실 비법은 행복이라는 이름의 파랑새처럼 밖에 있는 것이 아니고, 안에 있는 것일지 모릅니다. 수많은 비법들을 말하지만 모든 아이에게 다 맞는 비법이라는 것은 없으니까요.

아이의 이야기를 들어 보세요

수학을 대하는 아이의 마음이 어떤지, 수학 공부가 싫은 이유가 무엇인지, 언제부터 수학이 어려워졌는지, 어디서 막히는지, 혼자 공부할 때 힘든 점은 무엇인지, 학원 공부, 과외가 필요하다고 생각하는지를 아이의 편에 서서 마음으로 대화를 나누어 보세요.

대화를 나눌 때 가장 중요한 것은 '평정심'을 유지하는 것입니다. 아이와 이야기를 나누는 목적은 아이의 마음을 읽어 주는 것이지 아이를 다그치고 비난하기 위해서가 아닙니다. 부모님이 입시컨설턴트가 되어, 학생 상담을 한다고 생각하면서 감정으로부터 한 발 떨어지세요.

부모님들이 자신의 아이를 지켜보면서 가장 하기 힘든 것이 믿고 기다려 주는 것이 아닌가 합니다. 나른 아이들은 벌써 저만큼 갔다는데 이러다 우리 아이만 뒤처지는 것은 아닌지, 한시가 급한데 할 것 다 하고, 잘 것 다 자고 언제 공부하겠어? 힘들고 어려워도 계속 하다 보면 실력이 늘겠지, 이런 불안한 마음이 나도 모르는 사이 아이를 다그치고 있습니다. 그럴수록 아이는 부모와 점점 더 멀어지고, 수학이 점점 더 싫어지지요.

우리 아이의 기질과 성향, 수학에 대한 아이의 태도와 성적, 학습 방법을 다시 한 번 찬찬히 되새겨보세요. 아이를 가장 정확하게 알 수 있는 것은 가장 오랜 기간 가까이서 보아온 부모입니다. 아이와 함께 계획을 세우세요.

이 과정에서도 부모의 역할은 매우 중요합니다. 의지를 가지고 새로이 도전했지만 실망할 때도 있고, 좌절할 때도 있겠지요. 아이가 흥미를 느끼며 스스로 공부하는 습관이 들 때까지 용기를 북돋워주고, 칭찬을 아끼지 마세요. 비난이나 엄친아 엄친딸과 비교는 절대금물입니다. 개구리 올챙이 적 생각 못한다고, 더듬어보면 부모님들도 역시 그런 비교 당할 때가 제일 싫으셨던 기억이 떠오르실 겁니다. 수학 잘하는 친구가 부러우면서 얄미웠던 그 기억을 되살려 살을 좀 붙이고, 가공도 하셔서 엄마 아빠도 수학이 정말 싫었었다고 '감정이입'도 해주시고, 이제야 고백하는 거지만 사실은 너보다 더 못했었다고 가장 낮았던 수학점수를 폭로하는 '고해성사'를 하셔도 좋습니다. 그것만으로도 아이의 눈빛이 달라질 수 있습니다. 우리 엄마, 아빠는 늘 곁에서 내 편이 되어주는 사람이라는 믿음을 주세요.

아이와 함께 엄마 아빠가 어떻게 그 어려움을 이겨나갔는지, 맞는 학습법을 찾아 성적이 올라갔는지, 아니면 포기하고 후회했던 기억들을 공유하면서 아이에게 맞는 학습 형태, 교재, 학원, 학습 시간을 찾아보세요. 그리고 하나씩 찬찬히 실천해 나가는 것, 그것이 최고의 비법입니다.

다음 체크리스트로 아이의 상태를 점검해 보세요.

	매우 그렇다	조금 그렇다	보통 이다	조금 아니다	전혀 아니다
수학을 좋아한다.	5	4	3	2	1
스스로 공부한다.	5	4	3	2	1
선수 학습(이미 배운) 내용을 숙지하고 있다.	5	4	3	2	1
선행 학습(앞으로 배울) 내용도 쉽게 받아들인다.	5	4	3	2	1
1시간 이상 집중해서 공부한다.	5	4	3	2	1
모르는 문제를 만나면 풀릴 때까지 매달린다.	5	4	3	2	1

6점~10점   공부 습관을 길러 주세요.

선수학습 개념이 탄탄하지 못합니다. 현재 시점에서 선행 학습은 하지 않는 것이 좋겠습니다. 무조건 많은 문제 훈련으로 당장의 성적을 올리기보다는 공부 습관을 길러주세요. 기본서로 하루 1시간동안 정해진 학습량을 규칙적으로 스스로 해내는 훈련이 필요합니다. 아이가 선생님이 되어 부모에게 학습한 내용을 설명하는 연습은 개념을 정확히 이해하는 데 매우 큰 도움이 됩니다. 또 이야기가 있는 수학동화책으로 흥미를 불러일으키는 것도 좋습니다.

11점~16점   성공 경험을 만들어 주세요.

실현가능한 작은 목표를 세워 '수학도 해보니 되는구나!' 성취감을 느끼도록 합니다. 안다고 생각하지만 대충대충 넘어가는 부분이 있습니다. 그러다 보니 실수가 잦고, 생각 없이 습관적으로 문제를 풀기도 합니다. 틀린 문제는 다시 한 번 짚어주고, 시차를 두고 반복하여 자기 것으로 만들도록 합니다. 모르는 문제는 질문한다고 바로 설명해주지 않습니다. 생각 거리를 던져 스스로 고민할 수 있도록 유도합니다.

17점~23점   목표를 세워 동기를 부여해 주세요.

잘 해오고 있습니다. 잘하는 부분을 칭찬해주시고, 체크리스트에서 점수가 떨어지는 항목을 찾아 보완해줍니다. 스스로 하기 어렵다면 집에 와서 한 시간, 저녁 먹고 한 시간, 집중이 어렵다면 24쪽부터 35쪽까지 하고 TV 보기 이런 식으로 학습량이나 시간을 구체적으로 정하는 방법을 활용하세요. 수학 점수를 몇 점까지, 수학 등수를 몇 등까지 올린다는 식의 구체적인 목표를 설정하면 동기부여에 많은 도움이 됩니다. 물론 아이가 스스로 세우도록 도와줍니다.

24점~30점   자기주도학습, 내 것으로 만들어 주세요.

수학에 대한 기본이 잘 정리되어 자신감도 있고, 공부 근성도 있습니다. 선행 학습이나 수학 퀴즈, 사고력 문제, 경시 참여와 같은 적절한 자극을 통해 도전 정신을 계속 키워주세요. 아이와 함께 큰 목표에 맞는 세부 계획을 짜고, 실행하는 경험을 통해 자기주도학습이 몸에 배이도록 합니다.

열세 살 부모들이
궁금한
질문 베스트 7

Question01 대학을 가려면 수학을 꼭 잘해야 하나요? 수능에서 수리영역이 차지하는 비중은 어느 정도인가요?

대학 입시에서 대부분의 대학은 학생을 선발할 때 수능 원점수가 아닌 표준점수를 기준으로 하고 있습니다. 이러한 현행 입시 제도에서는 수학 고득점자가 절대적으로 유리한 위치에 있습니다. 표준점수란 수험생 개개인의 성적이 평균 점수로부터 어느 정도 떨어진 위치에 있는지를 알려주는 지표이기 때문에 시험이 어려워져 전체 평균이 낮으면 표준 점수는 높아지고 반대로 전체 평균이 높으면 표준 점수는 낮아집니다.

실제 2011학년도 수능 채점 결과를 보면 언어, 수리, 외국어 등 주요 영역이 2010학년도보다 어렵게 출제되면서 표준점수 최고점이 크게 상승한 것으로 나타났습니다. 특히 '수리 가형'의 경우 표준점수 최고점이 153점으로, 전년도의 142점에 비해 11점이나 올랐습니다. '수리 나형'은 최고점이 147점으로 '수리 가형'과 비교할 때 6점이나 차이가 납니다. 이것은 수리영역의 평균이 낮아서 나타나는 현상으로 수리영역 점수가 학생의 변별력 또는 대학 합격 여부의 중요한 변수가 된다는 것을 의미합니다. 더우기 2014학년도 대입 수능에서는 사탐, 과탐이 축소될 예정이므로 수리영역의 비중이 상대적으로 증가하게 됩니다.

현행 대입 제도에서는 남들이 못하는 것을 잘해야 대학에 잘 갈 수 있다는 일반적 원리가 성립됩니다. 학생들이 제일 어려워하고 힘들어하는 수학. 다른 과목에 시간을 투자하는 것보다는 고등학교 때까지는 수학에 더 많은 시간을 투자하되, 조금씩 꾸준히 하는 습관을 들이도록 해 보세요.

Question02 부모들이 책을 골라줄 때 보통 명성이나 브랜드를 보게 되는데, 부모가 좋은 수학책을 알아볼 수 있는 안목이 필요합니다. 좋은 수학책은 어떤 책인가요?

학생들이나 학부모에게 많이 듣는 질문입니다. 브랜드라고도 표현할 수 있는, 일정 정도의 규모와 시스템이 있는 회사에서 나온 책들은 대부분 비슷하고 수준 이상이라고 생각합니다. 책을 보는 학생의 진도와 수준에 맞느냐 하는 것이 더 중요하겠지요.

모든 생명체는 자신이 생존할 수 있는 기본적인 비법을 갖고 있기 마련입니다. 마찬가지로 책에도 그 책만의 생명력이 있습니다. '무엇을 위한 책이냐', '누구를 위한 책이냐', 다시 말해 컨셉이 있다는 말입니다. 기본서인지, 심화서인지, 문제집인지 개념서인지를 알고, 그것이 우리 아이의 수준에 맞느냐를 판단하는 것이 중요하죠.

어려운 책이 좋다고 착각하는 부모들이 있는데, 그것은 그야말로 착각입니다. 경험적으로 문과는 많은 문제를 풀면서 경험적으로 개념을 습득하는 경향이 있고, 이과는 적은 문제라도 여러 번 깊이 있게 푸는 경향이 있습니다. 그것을 일반화하는 것은 무리가 있지만, 책을 보는 사람에게 맞느냐 하는 것이 가장 중요한 기준이 되어야 하는 것은 분명합니다.

공부를 잘하는 아이들에게는 쉬운 문제가 많은 책이 즐거울 리가 없죠. 그 아이들에게는 문제 수가 적더라도 씨름하면서 풀 수 있는 문제가 좋은 반면, 그렇지 않은 아이들에게는 많은 양의 문제를 재미있게 풀면서 환희를 느끼는 게 좋은 거죠. 그러나 20% 정도는 도전해야 하는 문제가 있는 게 좋죠. 맛있는 음식도 계속 먹으면 질리는 것처럼 말입니다.

학원에 오는 엄마들 중에는 무조건 어려운 교재나 수준이 높은 반에 배치해 달라고 요구하는 사람이 많습니다. 그것은 아이를 죽이는 것입니다. 그 아이가 상위권 반에 들어갔다 치더라도 그 수준과 진도를 따라갈 수가 없어서 결국 수학을 싫어하게 될 것입니다.

Question03 잘 모를 때 해설지를 보고 공부하면 안 좋은 건가요?

모든 게 그렇듯이 절대적인 것은 없습니다. 그러니까 해설지를 보고 공부하는 게 좋을 수도 있고, 그렇지 않을 수도 있습니다. 해설지를 보느냐 안 보느냐가 중요하다기 보다는 어떻게 자기 것으로 만드느냐가 더 중요하다는 말입니다.

해설지를 보고 정답만 맞추는 데 급급한 학생이 있는 반면, 해설지의 풀이 방법을 보고 자신의 풀이 방법과 비교하여 좀 더 나은 풀이법을 고민하는 학생이 있습니다. 후자의 학생이라면 해설지가 약이 되겠고, 전자의 학생에게는 해설지가 독이 되겠지요.

예전 『정석』으로 공부할 때의 일입니다. 오답이나 오타도 곧잘 있던 시절이었죠. 책에 오답이나 오타가 많으면 문제가 되겠지만 오답이나 오타가 오히려 약이 되는 경우도 있습니다. 제가 공부할 때가 그랬던 것 같습니다. 몇 번을 풀어도 해설지에 나온 정답이 안 나오니까 문제를 이렇게도 풀어보고 저렇게도 풀어본 것이죠. 그러면서 저도 모르는 새 실력이 성장했다고 할 수 있습니다.

해설은 진통제와도 같습니다. 해설을 보고는 다 안다는 착각에 빠지죠. 진통제를 맞고 다 나았다고 착각하는 것과 같은 이치입니다. 그래서 저도 가급적이면 해설지에 의존하지 말라고 조언합니다. 해설지는 자기가 푼 방식과 해설지가 푼 방식을 비교하여 풀이 과정의 오류를 바로잡고 나아가 새로운 풀이법을 고민하는 데 목적이 있습니다.

Question04 어떤 학원이 좋은 학원인가요?

어려운 질문입니다. 일요일에 오랜만에 가족들이 외식을 할 경우를 생각해 봅시다. 음식점에 대한 정보나 경험이 많지 않을 경우 우리가 흔히 택하는 방법은 사람이 많은 음식점을 가는 것입니다. 학원으로 치면 큰 학원에 비유할 수 있겠지요. 그러나 학원의 선택은 신중해야 합니다. 음식점이야 잘못 선택하면 집에서 먹으면 그만이지만, 학원은 그럴 수 없기 때문이죠.

큰 학원이 시스템이나 강사, 시설 등의 측면에서 좋은 학원일 가능성이 크지만 반드시 그런 것은 아닙니다. 음식도 제 입에 맞아야 좋은 음식인 것처럼 내 아이에게 맞는 학원인가가 중요하지요. 다시 말해서 내 아이의 수준을 정확하게 파악하여 문제점을 교정할 수 있는 학원인가, 내 아이의 수준에 맞는 반이 개설되어 있는가, 거기에 맞는 교재를 사용하고 있는가 등이 선택의 기준이 되어야 합니다. ○○대학이나 ○○고를 많이 보낸 학원이라는 간판에만 너무 현혹되서는 곤란하겠지요.

좋은 학원을 선택하려면 부모 자신이 아이의 수준과 상태에 대해서 잘 알아야 합니다. 학원에 상담하러 오는 학부모 중에는 "여기 어떻게 가르쳐요?"라고 묻는 경우가 많습니다. 그런 질문에 대한 저의 대답은 "열심히 가르쳐요."입니다. 추상적으로 물으니 추상적으로 대답할 수밖에 없는 거지요. 상담을 할 때는 아이에 대한 구체적인 정보를 가지고 가야 합니다. 그래서 구체적으로 질문해야 합니다. 물론 명의는 환자의 진맥 하나만으로도, 안색 하나만으로도 병을 알아낸다고 하지만, 학원가에 그런 명의가 몇 명이나 될지 모르겠습니다. 그런 측면에서 경험은 매우 중요한 요소이지만 절대적인 것은 못됩니다. 어쨌든 아이의 상태와 수준에 대해서, 이전에는 무슨 책으로 얼마만큼 공부했는지, 학교에서의 수업 태도나 성적은 어떠한지, 집에서는 어떻게 지도했는지, 어떤 아이로 키우지 싶은지 등 자녀에 대한 구체적인 질문을 하고 상담하는 학원이 좋은 학원임에는 틀림없습니다.

Question05 학교 수업만으로는 불안한데, 학원은 꼭 보내야 하나요? 보내야 한다면 언제 보내는 것이 좋을까요?

일부에서는 공교육을 정상화시키기 위해서 사교육을 없애거나 위축시켜야 한다고 말하고, 사교육과 경쟁하기 위해서 공교육의 경쟁력을 강화해야 한다고 말하고 있습니다. 공교육과 사교육을 적대적인 상황으로 몰고 가지만, 사실은 그렇지 않습니다. 이런 사고는 본질이 다른 것을 경쟁 관계로 보기 때문에 나타나는 현상입니다. 저는 학원이 공교육을 보완하는 보충의 의미가 크다고 생각합니다. 즉 이 둘을 보완 및 보충의 관계로 보면 문제는 간단해집니다.

학원은 보완으로서의 기능이 더 큽니다. 현재 교육은 국가가 관장합니다. 교육이 그만큼 중요하기 때문이지요. 그러나 학교에서는 생각도 다르고 지향도 다르고 공부하는 방법도 다르고 살아온 환경도 다른 아이들이 한데 모여서 공부를 합니다. 따라서 학교에서는 표준에 맞추어 가르칠 수밖에 없습니다.

학교 선생님들 입장에서는 누구를 기준으로 가르칠 것인가가 가장 큰 고민입니다. 의외로 선생님들은 아이들이 얼마만큼 자기 수업을 이해하고 있는지 확인하기 어렵습니다. 물론 평가를 통해 일부 확인이 가능하지만 그것을 절대적인 지표로 삼기에는 한계가 많습니다. 그래서 아이들 표정이나 행동을 가지고 판단하거나 시험 결과를 가지고 판단할 수밖에 없습니다. 그래서 수업이 40명 표준을 향해 열려있기가 힘듭니다.

반면 학원은 5~10명 단위로 학습이 가능하기 때문에 어느 정도는 맞춤 학습이 가능합니다. 그렇다고 학원에 무조건 보내야 하는 것은 아닙니다. 어쨌든 학원에 보낸다고 하는 것은 경제적인 지출이 따르니까요. 요모조모 따져 보고 현실적으로 학교에서 할 수 없는 부족한 부분을 보완해 줄 수 있을 때 학원에 보내는 게 좋겠지요.

Question06 선행 학습을 안 하는 학원을 보내도 되나요?

요즘 부모들은 자기 자녀를 많이 알고 있다고 생각합니다. 그러나 부모와 상담을 해보면 실상은 그렇지 않습니다. 몰라도 너무 모르고 있는 경우가 많습니다. 그리고 특히 학원장이나 선생님의 말보다는 주변 인기 있는 엄마들의 소문에 의존하는 경향이 큽니다. 대표적으로는 "저 학원은 선행 학습를 안 한대? 요즘에 선행 학습을 안 하는 학원이 어디 있어. 우리 애는 중학생인데, 벌써 『정석』을 두 번이나 떼었어."라며 너스레를 떠는 학부모를 만나는 것은 어려운 일이 아닙니다.

요즘에 선행 학습을 하는 학원이 태반이라고는 하지만 개인적으로는 선행 학습에 대해서는 반대입니다. 물론 과학고 등학교에 다니는 아이들이나 아주 뛰어난 영재들의 경우에는 선행 학습을 해야 합니다. 그래야 아이의 재능을 더 키워줄 수 있는 것도 사실입니다. 그러나 '입시를 위한 수학'을 하는 보통의 아이들의 경우에는 굳이 선행 학습이 필요하지 않습니다. 수학은 개념과 개념간의 관계가 중요한 교과이기 때문입니다. 오히려 배운 개념을 복습하여 단단히 하는 게 더 중요합니다. 선행 학습은 학생의 오만을 불러올 수 있고 잘

못하면 치명적인 독이 될 수도 있습니다.

아이들은 배운 것을 다 안다고 생각합니다. 그래서 배운 것이 아니라 안 배운 것을 가르쳐주길 바랍니다. 그러니 당연히 선행 학습을 하는 학원이 성황을 이루기 마련이죠. 그러나 아이들은 배운 것을 다 알지 못합니다. 앞서 말했듯이 수학은 나선형 교과이기 때문에 앞의 개념을 정확하게 모르면 다음 과정을 이해할 수 없습니다. 그래서 학원이나 학교에서 배운 것을 다시 가르치는 것입니다. 그런데 부모들은 보이는 것만 보고 그것을 불쾌하게 생각하죠.

선행 학습은 학교 교육을 파행으로 모는 주범이기도 합니다. 교육 과정의 문제도 있지만, 초등학교 때 한글을 가르치지 않습니다. 왜냐하면 취학 이전에 한글을 다 알고 온다고 믿기 때문이죠. 그러나 취학 이전에 한글을 깨치지 못하고 입학하는 학생은 어디서 한글을 깨쳐야 할까요?

○○○ 자율형 사립 고등학교는 고등학교 1학년 때 수학I을 가르칩니다. 원래는 고2때 가르쳐야 하는 과목이죠. 고1 수학은 중학교 때나 고등학교 입학 전에 학원에서 하고 오라는 것이죠. 준비가 안 된 학생은 따라갈 수가 없겠지요. 그러니 그 학교만을 위한 학원 수업이 생깁니다. 선행 학습을 한 아이들은 관계가 없지만 선행 학습을 하지 않은 아이들, 즉 학

원에 다니지 않는 아이들은 뒤처질 수밖에 없습니다. 선행학습은 이렇게 공교육이나 사교육의 파행을 가져오는 주된 원인이 됩니다.

Question07 학원이 마음이 들지 않는데, 옮겨야 할까요?

우선은 학원이 마음이 들지 않은 이유를 구체적으로 적어 볼 필요가 있습니다. 성적이 오르지 않아서? 학원비가 비싸서? 아이가 강사를 싫어해서? 등등 여러 가지 이유가 있겠지요. '학원이 마음이 들지 않는다.'는 진술은 정확하고 구체적인 진술이 아니라 감정이 내포되어 있는 주관적 진술입니다. 스스로에게 무엇 때문에 그렇게 생각하게 되었는지 따져 보세요. 그 과정에서 해답을 분명 찾을 수 있을 겁니다.

   학원이 마음에 들지 않은 이유는 학부모나 학생에게 있는 경우가 많습니다. 성적이 바로 오르지 않는다는 이유로 다른 학원으로 옮기죠. 강남 학원가에도 꽤 큰 학원이 여럿 있습니다. 학원생이 대략 1,000명 쯤 되는 대형 학원인데, 중간고사나 기말고사가 한 번 끝날 때마다 300여 명이 빠지고 또 다른 300명이 들어온다고 합니다. 얼마만큼 부침이 심한지 알

수 있는 사례인데, 아이러니 한 것은 300명이 빠져도 또 다른 300명이 채워진다는 사실입니다. 학원 입장에서 1,000명의 학생은 항상 유지됩니다.

그렇다면 다른 학원으로 옮긴 300명의 실력이 다음 시험에서 오를까요? 물론 그 중 몇 명은 새로운 학원에서 적응하고 자신에게 맞는 선생님과 시스템을 만나서 성적이 오르겠지만 그 중의 80~90%는 다음 시험이 끝나면 또 다른 학원을 고민하고 있을 겁니다.

특히 수학은 성적이 금방 오를 수 없는 과목입니다. 기초가 안 되어 있으면 처음부터 다시 시작해야 하는 게 수학입니다. 그러니 적어도 6개월에서 1년 정도는 기다려야 합니다. 학원을 바로 옮기는 것이 능사는 아닙니다. 누구나 그렇듯이 새로운 것에는 적응하는 기간이 필요하기 마련이니까요.

적응이 빠른 아이도 있고, 그렇지 않은 아이도 있습니다. 실제로 3개월마다 학원을 옮기는 부모가 있었습니다. 시험 때마다 학원을 옮기는 것은 아이들을 피곤하게 하고 실력을 더 떨어지게 만드는 원인입니다. 진도, 학원의 시스템, 교우 관계, 강사 문제 등 다양한 원인이 있음에도 불구하고 점수가 금방 오르지 않는다고 학원을 옮기는 것은 절대로 삼가야 할 것입니다.

아이들은 공부하는 기계가 아니잖아요. 감정이 있는 인격체입니다. 부모들이 이런 평범한 진실을 망각하는 경우가 많습니다. 아이를 인격체로 생각해 주세요. 그렇다면 해답이 보입니다.

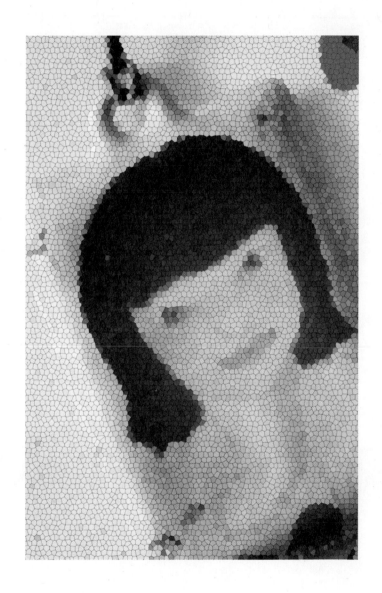

• 포토그래픽 | 배춘희(CHOON-HEE BAE)

경남 마산에서 태어났으나 독일로 이주하여 Philipps-Universitaet Marburg에서 독문학과 미술사를 전공했다. Philipps-Universitaet Marburg에서 석사학위를 취득한 후 독일을 비롯한 유럽의 광고회사에서 일했다. 현재는 서울예술대학 시각디자인과 조교수로 있으면서 후배를 양성하고 있다. 이 책의 완성도를 위해 사진작업을 맡아서 했다.